Flavien Phanzu Mwaka

Avant Big Bang
à la lumière

ISBN numérique : 9791040509301
EAN papier : 9791040532095

Librinova

Courriel : contact@librinova.com
Internet : www.librinova.com

Sommaire

Du même auteur dans la collection « Les Versets des savants »

- Tome I : Noé à Barack Obama (Éditions universitaires européennes)
- Tome II : Le champ du Modèle Cosmologique Universel

(éd. Librinova/Paris)

- Tome III : Avant big bang – big bang – après big bang selon le Modèle

Cosmologique Universel (ed. Librinova)

- Tome IV : Les énigmes de l'Univers résolues dans le Modèle Cosmologique Universel (éd. Librinova)
- Tome V : De Noé à Barack Obama (éd. Librinova)

Du même auteur dans la collection « Astrothéologie »

- Tome II : Avant Big-bang à la lumière (éd. Librinova)
- Big-bang à l'Homme (éd. Librinova : numérique)
- Big-bang à l'Homme (éd. Livre en Papier : broché)
- Le Big-bang est biblique, coranique et antique (éd. Librinova : numérique)
- Le Big-bang est biblique, coranique et antique (éd. Livre en Papier : broché)

From the same author in the "Astrotheology" collection

- Volume III : Big-bang to Humankind (éd. Librinova)
- Pre Big bang – Big bang – After Big bang **(ed. Librinova)**
- Cosmology according to biblical and ancients models **(ed. Librinova)**
- The field of the Universal cosmologycal Model **(ed. Librinova)**
- Big-bang to humankind **(ed. Librinova)**
- From Noa to Barack Obama **(ed. Librinova)**

N.B : vente en ligne et en librairies

Auteurs : lesversetsdessavants@gmail.com

Épigraphie

« *Au commencement, Dieu créa la sphère spirituelle et la sphère physique ou univers. L'univers était vide, il formait un abime avec les ténèbres à sa surface, et l'énergie du vide ou divine mouvait les particules. Le réchauffement provoqua l'apparition de la lumière et ce, jusqu'à la condensation extrême de l'univers. Ce fut la première période ou l'Avant Big-bang.* (Le Modèle Cosmologique Universel)

Remerciement

Je remercie tous les scientifiques qui seront surpris de retrouver leurs noms dans ce livre à travers leurs différentes déclarations dans des documentaires, conférences et certains articles sur le net. Leurs commentaires nous ont servis des affirmations qui appuient nos arguments.

Dans le même ordre d'idée, je remercie aussi le Professeur GUBARIKA de L'Université Pédagogique Nationale de la RDC, et Monsieur l'Abbé MBUMBA PHANZU, directeur du Centre de Recherche Pédagogique ; qui malgré leurs multiples occupations, ont accepté de relire cet ouvrage et d'y apporte les amendements.

Enfin je remercie Monsieur Patrick Kunyimba, directeur d'Exibook, qui a transformé mes rêves en réalité en m'apportant des conseils pratiques pour la réalisation des livres.

Flavien PHANZU MWAKA

Préface

Bon travail de recherche et d'une profondeur religieuse, scientifique et culturelle indéniable. Le domaine abordé est coriace et défendable au vu des preuves matérielles fiables.

Ce texte doit être publié et constituer comme un ballon d'essai pour des lecteurs inhabitués à la matière cosmologique alliée à des preuves bibliques.

Je souhaiterais que la publication le soit de façon partielle (3 ou 4 tomes) dans des éditions successives et pas le tout à la fois à cause de la rigidité de la matière abordée.

Encore une fois merci et bon courage !

Professeur GUBARIKA

Doyen à la faculté des Lettres
Université Pédagogique Nationale (UPN)/RDC

Abréviations des livres Bibliques utilisés dans ce Tome

ANCIEN TESTAMENT	
Livre de la Genèse	Ge
Livre de l'Exode	Ex
Deutéronome	Dt
Livre de 1 Samuel	Sa
Livre de Job	Jb
Livre des Psaumes	Ps
Livre des Proverbes	Pr
Ecclésiaste	Ec
Livre d'Esaïe	Es
Livre d'Ézéchiel	Ez
Livre des lamentations	La

NOUVEAU TESTAMENT	
Évangile selon Saint Matthieu	Mt
Évangile selon Saint Marc	Mc
Évangile selon Saint Luc	Lc
Évangile selon Saint Jean	Jn
Actes des Apôtres	Ac
Épître aux Romains	Rm
Première épître aux Corinthiens	1Co
Épître aux Colossiens	Col
Première épître à Timothée	1Ti
Épître à Philémon	Phm
Épître aux Hébreux	He
Deuxième épître de Pierre	2P
Épître de Jude	Jd
Apocalypse	Ap

Avant-propos

Dans ce livre, nous préparons les scientifiques à comprendre le langage biblique et les non-scientifiques à comprendre le langage scientifique. C'est ce que nous allons faire jusqu'au chapitre III. Le point concernant l'avant Big-bang, ne sera traité qu'à partir du chapitre IV.

Le Modèle Cosmologique Universel qui est exposé dans ce livre est un chef- d'œuvre et une idée originale. Il n'est nullement le prolongement d'une doctrine. Il n'est pas non plus fondé sur l'inspiration d'un Modèle scientifique existant. Ça n'apporte pas non plus rien à l'Univers, comme d'ailleurs tous les modèles cosmologiques. Il dévoile cependant l'origine et l'évolution de l'Univers tel que cela est écrit dans le schéma biblique de la création.

Pour le savant Britannique Stephen HAWKING, l'Univers n'a pas eu besoin d'un Créateur pour apparaitre. C'est l'ensemble des phénomènes physiques dû au hasard qui est à la base de son apparition. (Stephen Hawking : Bref histoire de temps). Son point de vue fait l'unanimité auprès des scientifiques et des athées.

Pour les croyants par contre, qui représentent le deux-tiers de l'humanité, l'univers est le fruit de la création divine. Si les croyants pouvaient avoir raison, alors, le schéma biblique de la création, considérait comme une fable par les scientifiques, devraient être vrai, c'est-à-dire prêt à répondre aux observations et aux expérimentations.

Malheureusement, depuis que l'étude des origines de l'Univers fait l'objet d'une science rigoureuse, à savoir la cosmologie, personne n'a soumis ce schéma en provenance de l'antiquité à l'épreuve. Ce schéma n'a jamais fait l'objet d'une étude approfondie. Chacun le lit comme une simple histoire et s'en tient à ce qui est écrit littéralement.

Etant la première personne à me consacré sur l'étude de ce schéma, j'ai découvert effectivement qu'il y a un malentendu dans les langages utilisés. Le manque des vocabulaires à 1500 av. JC a fait que l'auteur a utilisé certains mots de manière simplement à se faire comprendre par les gens de son époque. En les restituant à notre connaissance actuelle, nous avons découvert que le schéma biblique de la création cachait réellement des grands secrets sur l'origine et l'évolution de l'Univers jusqu'à la formation de l'Homme.

Nous avons fait de cette restitution un modèle cosmologique qui a pour nom « le Modèle Cosmologique Universel ». Etant le premier modèle à pouvoir combiner d'une manière harmonieuse, les vérités scientifiques et bibliques, celui-ci donne naissance à une nouvelle science qui sera enseignée dans les facultés des théologies et à une nouvelle collection dans la littérature, à savoir l'Astrothéologie classique, qui signifie combinaison harmonieusement des notions astronomiques et théologiques.

La pénétration dans la sphère de l'Avant Big-bang par les scientifiques, modifiera notre connaissance de la cosmologie et va leurs permettre de résoudre de résoudre beaucoup d'énigme.

Jusque-là, les chercheurs ont spéculé sur l'avant Big-bang. Mais, l'ayant découvert dans les premiers écrits cosmologiques, c'est-à-dire le schéma biblique de la création contenue dans la Bible, et dans les écrits des philosophes antiques, avec tous les grands ensembles qui caractérisent cette période, je deviens ainsi le premier explorateur à avoir réellement découvert la sphère d'Avant

Big-bang.

Désormais, toutes les théories qui seront construites sur l'avant big-bang et qui ne tiendront pas compte d'une de ces composantes bibliques et antiques ne seront que de la fiction. Ceci sera confirmé après le développement de ce Tome dans les autres livres.

Pour le respect du mot Bible, nous avons donné à notre restitution du schéma biblique de la création tel qu'il est contenu dans le livre de la Genèse biblique le nom du Modèle Cosmologique Universel. Ainsi, tout critique, développement ou jugement ne peuvent porter que sur ce nom et j'en assume l'entière responsabilité.

Pour les croyants, Dieu, le Tout-Puissant, est tout d'abord le Créateur. De l'invisible, il a fait sortir le visible. Ce Tome recrée scientifiquement cette histoire d'une manière théorique. Cette recréation, nous la baptisons « Le Modèle Cosmologique Universel », qui est une nouvelle révolution dans la science et dans la théologie.

En disant que Dieu est le créateur du Cosmos, nous entrons dans la théologie. Mais si nous voulons répondre à la question « comment Dieu a-t-il créé », là nous entrons à la cosmologie. Ce livre se concentre plutôt à la réponse de cette question. Par conséquent, ce livre n'est ni religieux, ni confessionnel, ni doctrinal, mais un manuel de cosmologie et théologie ou « Astrothéologie ».

Force est de constater que jusqu'à nos jours la cosmologie actuelle n'a pas encore intégré l'avant Big-bang, c'est-à-dire, ce qui s'est passé au premier jour biblique. Cette intégration, nous l'avons fait dans le Modèle Cosmologique Universel, et, est détaillée dans ce livre.

En effet, le premier jour biblique constitue une équation qui n'a jamais été résolue, que ça soit en théologie ou en cosmologie. Pour y arriver, il nous a fallu des connaissances élémentaires de la cosmologie et du Principe de la Création ; branche du Principe divin du Rév. Dr. Sun Myung Moon. C'est ce qui fait de ce livre, une collection scientifico-religieux.

Les schémas de la création de l'antiquité nous viennent d'une période où nous croyons que les gens étaient ignorants des lois de la physique. Cette soi-disant ignorance est due tout simplement à la différence de terminologie utilisée par rapport à leur correspondance actuelle en science. Pour Moïse, son schéma fut rejeté simplement parce que ses vérités sont consignées dans des livres dit sacrés, c'est-à-dire basés sur la foi plutôt que sur la raison. Ces livres sont la Bible et la torah.

Les versets recensés dans la collection « Astronomie e Théologie » ne sont pas écrits dans un but d'évangélisation. Ils sont sélectionnés comme des citations purement scientifiques. Ils ne méritent pas d'être lus avec méditation comme nous lisons la Bible, car c'est des situations et des états physico-chimiques à soumettre à l'épreuve de la science. Ça n'a rien à voir avec la foi ou avec la religion. Il en est de même pour certains livres dits sacrés cités ici. Ils sont tous exploités dans un dessein purement scientifique et non doctrinal.

C'est ainsi que tout au long de cet ouvrage, les versets bibliques, les citations des savants et les écrits des hommes religieux vont revenir souvent. Tout est cité comme nous l'avons dit à titre scientifique et non à titre religieux.

Ce livre ; « Avant Big-bang à la lumière » est un ouvrage de lecture destiné au public. Il restitue d'une manière scientifique la façon dont l'univers a évolué, en se basant sur le schéma biblique de la création. Cette restitution, traitant de l'évolution de l'univers selon le schéma biblique de la création, nous l'avons baptisé « le Modèle Cosmologique Universel ». Je dis évoluer, et non créer, car ce qui vient au-delà du Principe d'incertitude (relation énergie particule) est difficile à démontrer ; c'est-à-dire le passage du spirituel à l'énergie d'une manière scientifique.

Avec un style purement personnel, dans un langage facile à comprendre, j'ai pu offrir au lecteur une richesse inouïe, à telle enseigne qu'il n'y aura pas de phrase où ses yeux ne passent et repassent. Et cela, pour tous les livres de la collection « Astronomie et Théologie ».

Les modèles cosmologiques essayent d'expliquer soit littéralement, soit mathématiquement la création et constituent des schémas analytiques aboutissant à sa formation. D'où les lois de la physique sont des équations mathématiques dont on se sert pour expliquer ces modèles.

L'astrophysicien français **Aurélien Barrau** a écrit :

« Il *y a incontestablement quelque chose de démiurgique dans l'élaboration d'un modèle scientifique. Une description du monde est évidemment aussi la création d'un monde. Mettre une théorie sur pied (ou même donner sens à une observation) exige une immense liberté et une belle capacité d'invention* ».

(**Aurélien Barrau :** *Big-bang et au-delà, balade en cosmologie*,éd.Dunod, Paris).

Un proverbe africain dit : « à *la vue du serpent, on ne se pose plus des questions, on le tue avec le bois qu'on tient à la main* ».

La découverte des documentaires et des conférences dans les sites web, après avoir achevé ce livre, fut une aubaine pour moi et m'a permis de recueillir les commentaires qui m'appuient et de soumettre mes arguments à l'épreuve.

Ainsi, ce livre est le premier dans la littérature à utiliser comme références des articles tirés des sites web, des conférences et des documentaires. Si la science peut accepter cela comme source fiable, cela ne peut que nous réjouir. En effet, les chercheurs disent bien plus dans les exposés que les livres, à cause de certaines contraintes physiques et économiques. En plus, une pensée scientifique exige seulement une démonstration plutôt qu'un livre, et c'est là la raison d'être de plusieurs revues scientifiques.

Les astrophysiciens n'ont pas d'autres choix que de maîtriser les explications contenues dans ces livres, afin d'arriver à résoudre des choses qui demeurent encore énigmatiques pour eux, et à y poser des bases mathématiques. C'est grâce aux connaissances acquises dans les explications de ces livres, que Nous sommes arrivés à ouvrir la brèche sur l'avant Big-bang et cela m'a permis d'atterrir d'une manière accidentelle dans le monde des astrophysiciens, en leur ramenant le Modèle cosmologique universel pour qu'ils l'exploitent.

Dans les livres de la collection « Astronomie et Théologie », nous ferons ressortir les équivalences scientifiques des noms qui furent cités sous forme littéraire dans le schéma de la création biblique, formant ainsi le Modèle cosmologique universel en cosmologie. Cela met en lumière les ingrédients nécessaires aux astrophysiciens pour nous dire la combinaison qui aboutit à des résultats fiables.

Nous nous sommes efforcés de ne pas entrer dans les détails de la religion, ni de faire de ce livre un manuel religieux.

Dans la collection des livres « Astronomie et Théologie », En mettant la religion en évidence, on découvre la supériorité de la sagesse juive dans l'antiquité et même, jusqu'à ce jour.

L'auteur.

Introduction générale

Le titre de cet ouvrage devrait être « l'Avant Big-bang au rayonnement fossile ». Mais, le terme « rayonnement fossile » étant trop scientifique et pour ne pas bloquer la diffusion de ce livre auprès du publique qui n'est pas habitué au langage scientifique, nous avons préféré le mot lumière qui fut la première manifestation visible de ce rayonnement.

Ce que je présente dans ce livre, à savoir « l'Avant big-bang à la lumière » n'est qu'une introduction pour ouvrir la porte aux maîtres de cette discipline qui sont les astrophysiciens, les cosmologistes, les astronomes, les planétologues, les physiciens, les astro-chimistes et tous ceux qui s'adonnent à l'étude de l'origine de la création. C'est une introduction pour leur permettre d'y entrer et d'en faire le développement d'une manière scientifique.

Tant qu'on n'est pas encore arrivé à l'origine, qui est Dieu, on aura toujours des questions. Du moins, je suis le premier à faire pousser la connaissance de l'Univers jusqu'aux portes qui le séparent d'avec le spirituel, en rapportant comment les évènements se sont passés dans l'Avant Big-bang.

Donc, L'originalité du Modèle Cosmologique Universel par rapport aux autres modèles scientifiques en cosmologie, réside par le fait qu'il parle de l'avant Big-bang, en passant par le Big-bang jusqu'à l'apparition de l'homme sur la terre et cela d'une manière plus harmonieuse et plus cohérente que la science actuelle. Par conséquent, le Modèle Cosmologique Universel complète tous les modèles cosmologiques partiels que les savants nous ont proposés jusque-là.

Par exemple, dans le Modèle Cosmologique Universel, **l'annihilation**, le principe d'incertitude de la mécanique quantique, la création des premières particules à partir du vide tels que démontré par la science doivent être classés dans l'avant Big-bang.

Dans ce livre, nous allons nous limiter seulement jusqu'à l'apparition du rayonnement fossile ou fond diffus cosmologique en donnant une brève explication sur le Big-bang.

Aujourd'hui, pour expliquer l'univers, la science se sert des théorèmes limitatifs. Ils sont limitatifs en ce sens qu'ils fixent une limite absolue à la connaissance humaine dans différents domaines. Ainsi, pour expliquer l'après Big-bang, la science se sert de la relativité générale. Pour descendre jusqu'au Big-bang, elle fait appel à la mécanique quantique qui contredit certaines valeurs de la relativité générale. Pour expliquer le Big-bang, elle se sert de la théorie des cordes qui n'est d'ailleurs pas encore harmonisée. Et pour expliquer l'apparition des éléments à partir de l'énergie contenue dans le vide, elle se sert de Principe d'incertitude.

Les scientifiques oublient que même certains théorèmes confirmés faisaient partie auparavant de la métaphysique. Qui n'oublient les fameuses querelles entre Albert Einstein et Niels Bohr sur le fondement de la mécanique quantique ? Qui n'oublient le rejet de la théorie de l'atome primitif qui deviendra la théorie du Big-bang par le Savant Britannique Fred Hoyle, le traitant de biblique ?

Approuver le Modèle Cosmologique Universel avais-je dit, n'a rien à voir ni avec la religion, ni avec la philosophie et ni avec la métaphysique, car ici nous sommes en face du processus physique ayant conduit à la formation de l'univers visible.

Ce livre restitue scientifiquement le récit biblique de la création. Si, pour les théologiens ou le commun des mortels, ce tome est un ensemble des phrases, mais pour les physiciens et astrophysiciens, tout ce qui est écrit ici fait partie des phénomènes physiques se déroulant à l'intérieur des étoiles ou dans l'espace, c'est-à-dire dans l'univers. Et cela par les forces de la nature venues de Dieu, que seuls les astrophysiciens connaissent. Donc, ça fait partie des phénomènes physiques, et certains sont vérifiables dans les laboratoires de physique atomique.

Pour la science, raisonnée sur l'avant le Big-bang, n'était que spéculation. « Était », car ce livre met fin à cela. Cela peut être vrai dans la mesure où après le Big-bang, tout est résultat. L'ignorance des évènements qui se sont déroulés le premier jour biblique dans le livre de la Genèse a fait que la cosmologie moderne est restée dans un flou très profond. Aujourd'hui, à travers cet ouvrage, la restitution des évènements qui ont eu lieu durant le premier jour biblique a dévoilé la sphère de l'avant Big-bang et ouvre une nouvelle ère pour l'astronomie et la théologie.

Toutefois, sans le Principe divin du Rév. Dr. Sun Myung Moon (Présentation du principe divin : et. Culture et Paix, Paris, 2013), qui explique d'une manière littérale, avec un langage parfois scientifique, le monde de la cause, ce livre n'aurait jamais pu voir le jour.

Nous aborderons plus, malgré quelques intrusions de la religion compte tenu de ma formation et de mon statut de croyant, des phénomènes scientifiques de la matière originelle qui a abouti au Big-bang.

Chapitre I
Le langage biblique et les notions du temps et du travail

Section 1
Le langage biblique

Le schéma des chapitres premier et deuxième de la Genèse, dans la Bible, est une histoire véridique dans la cosmologie. Histoire, parce qu'il est raconté de manière à plaire au lecteur plutôt que d'utiliser le langage scientifique et compliqué à 1.500 ans av. J-C. Le physicien Paul Dirac a dit : « *En science, on essaye de dire aux gens quelque chose dont personne n'a jamais eu connaissance auparavant en des termes compréhensibles par tous. En poésie, c'est exactement le contraire.* » (Cfr : J.Baker : 50 clés pour comprendre l'astronomie, éd. Dunod, p.69). Moi, je pense que c'est plutôt le contraire. C'est en poésie et en littérature qu'on retrouve des termes accessibles par tous, plutôt qu'en science. Par exemple, au lieu de parler des galaxies dans un auditoire des non-physiciens, je serai mieux compris si je parlais des 'autres mondes' et dire à la fin que ça s'appelle des galaxies.

Tout ce que nous sommes en train de voir comme théories dans la cosmologie actuelle n'est que le développement scientifique de ce que la Bible a révélé. Les Théories de la Bible ont été qualifiées de révélation et mise à part, parce qu'à ce jour, l'humanité n'a jamais découvert un grand télescope ou un laboratoire que Moïse a utilisé. Et, en plus, ces découvertes sont consignées dans un livre sacré. Mais, heureusement, jusque-là, la science ne fait que confirmer les révélations bibliques comme nous allons le voir dans ce livre.

Si les écrits de Moïse étaient consignés dans un livre autre que religieux, humanité l'aurait déjà reconnu comme étant savant. C'est ce qu'il doit faire maintenant en exploitant le schéma cosmologique de la Genèse et ce n'est pas une supplication, car nous allons la démontrer à travers ce Tome.

En effet, la plupart des écrits religieux sont faits des discours verbaux et parfois prononcés d'une manière spontanée. Mais, une fois qu'ils sont écrits et publiés, ça devient une œuvre littéraire et scientifique prête à être exploitée. C'est-à-dire prêt à être critiquée ou à être approfondie. C'est comme toutes chansons ou tous poèmes, religieux soient-ils, publiés sous un support et mis à la disposition du public, devient une œuvre d'art. Ainsi leurs auteurs sont appelés des artistes.

Il y a eu et il y aura des théories scientifiques qui contrediront les révélations bibliques concernant la création de l'Univers. Mais, tous ces genres de théorie ont été battus en brèche et le seront toujours par d'autres savants et chercheurs sans le savoir. C'est le cas, par exemple, de la théorie de l'évolution qui se bute à ces jours sur des chaînons manquants et avec lesquels Louis Pasteur a dû confondre ses contemporains.

Après l'échec dans sa tentative de créer des bactéries à partir d'un bouillon stérile, Louis Pasteur a, en effet, démontré que les êtres vivants, même microscopiques, ne naissent pas du néant, mais ne se développent qu'à partir de germes déjà présents dans l'atmosphère, tout comme les physiciens ont démontré que le vide contient de l'énergie et par conséquent, des particules virtuelles.

Ainsi, dans le verset « *La terre était informe et vide* » *(*Ge 1 : 2), il y avait déjà de l'énergie dans ce vide qui est l'essence même de Dieu.

(Cfr : Présentation du Principe divin, édit. Culture et paix, Paris 2013, Pp 29-30).

C'est ce qui a d'ailleurs fait la différence entre le monde spirituel dénommé le ciel et le monde physique dénommé la terre (univers). D'où le verset biblique « *Au commencement Dieu créa les cieux et la terre* » (Ge 1 :1).

1.1. Un langage antique et parabolique

Il y a un fait que nous devons savoir : le langage biblique employé par Moïse était dit de manière à faire comprendre le message à ses contemporains. Les vocabulaires n'étaient pas aussi riches qu'il est aujourd'hui. En plus, les révélations ou dictées divines sont des phénomènes intérieurs captés par l'âme. C'est pourquoi on est obligé parfois de prendre de tournures adaptées pour le faire comprendre à l'auditoire. C'est pour dire que Moïse n'était pas assis quelque part et Dieu a commencé à lui dicter ce qu'il devait répandre.

Par exemple, dans un séminaire organisé par l'église du Couple MOON sur la pensée de l'Unification en 1988, je n'arrivais plus à m'endormir quand le conférencier a abordé le point sur la création de l'univers. Il a touché le point qui m'a toujours fasciné, à savoir, comment le matériel est apparu à partir de l'immatériel, sachant que Dieu travaille aussi d'une manière scientifique, ce qui est résumé par la célèbre phrase de Moïse : " Dieu dit".

Dieu dut intervenir lui-même dans mon rêve. Il me montra comment se forme ou se passe la transition des éléments sur base de décharge électrique causée par de violentes foudres et générant de fortes énergies. Dans mon rêve, je voyais la foudre et les éclairs au fin fond de l'Univers dans une zone d'une importante activité électrique, suivi ou précédé de la glace. À ce moment-là, j'ignorais complètement la structure du ciel ; qu'il existe des planètes glaciales et qu'il fait très froid. J'ignorais même qu'il se passe des activités électriques. Tout ce que je vois au Ciel à l'œil nu ici en Afrique noire, dépourvu des télescopes, ce sont des étoiles, la lune, le Soleil le ciel bleu.

Comment partager une telle idée dans un monde plein des savants en physique et en astronomie ? Même les croyants eux-mêmes me traiteront d'hérétique. Mais à ces jours, quel ne fut pas mon soulagement, ma libération, quand j'ai lu sur le site de Futura science, l'expérience des savants qui démontraient presque ce que j'ai vu dans mon rêve. Je préfère rapporter exactement ce qui est écrit :

[Dans une étonnante simulation de l'expérience de Miller, une équipe franco-italienne vient de démontrer l'efficacité de champs électriques puissants pour former des molécules d'acides aminés. « Nous ne proposons pas de scénario pour l'apparition de la vie, explique à Futura-Sciences l'un des chercheurs, Marco Saitta. Nous suggérons une nouvelle piste aux spécialistes de la chimie prébiotique. »] (Cfr : Le 10/09/2014 à 11 :38 par Jean-Luc Goudet, Futura-Science).

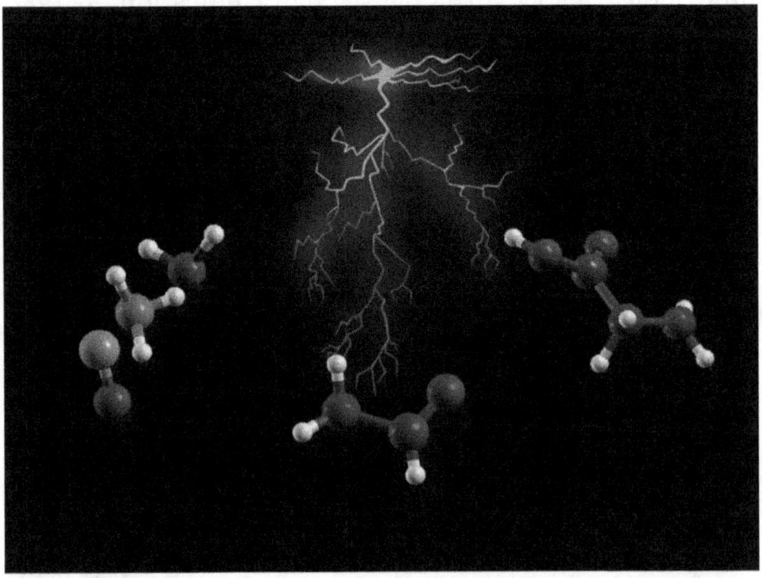

« Vue d'artiste de l'effet d'un éclair ou d'un champ électrique intense sur trois molécules simples, à gauche : de l'eau, de l'ammoniac et du monoxyde de carbone (de haut en bas). La réaction produit d'abord du formamide (COH-NH2, au centre) puis l'acide aminé le plus simple, la glycine (à droite) ». © A. Marco Saitta (IMPMC/UPMC) et Franz Saija (IPCF/CNR)

Toujours avec cette expérience de Miller Stanley, d'autres savants ayant assimilé les conditions régnant dans l'espace interstellaire, ont réalisé que les acides aminés, appelés molécules de vie, étaient produits simultanément dans l'espace par des décharges électriques. Ils ont été transportés sur la terre par des comètes (blocs composés des poussières et des glaces errantes dans l'espace). Cela cadre encore avec le rêve que j'avais fait, à savoir, d'un côté, les éclairs tels que ceux produits par les tonnerres, et de l'autre côté, la glace (comète). Toutefois, la vraie explication sera dévoilée dans les chapitres qui suivent, telle que confirmée par la science.

Si le rêve, comme on dit, est l'aboutissement des pensées, comment alors mes pensées auraient constitué un phénomène physique inconnu de moi-même.

En plus de ces expériences qui ont confirmé ce que j'ai vu dans le rêve, j'ai encore découvert plus tard à ma plus grande surprise que deux savants ont développé le concept d'univers électriques, démontrant la force naturelle des phénomènes électriques dans les processus de la création, dont seul Dieu – là, c'est nous qui l'ajoutons – a établi les lois. Ce paragraphe est développé dans le point traitant du Modèle Cosmologique Universel face à l'univers électrique dans le livre « Le schéma biblique de la création face aux modèles cosmologiques ».

Pour revenir à notre sujet, nous rappelons que le langage spirituel, contenu dans les livres qualifiés des sacrés tels que la Bible, le Coran, les enseignements de Bouddha, de Confucius, les écrits mayas ou d'autres livres ésotériques ayant trait à la spiritualité, sont très différents du langage littéraire ou courant. Un même mot peut avoir des significations différentes.

Par exemple, quand la Bible parle de la mort, il s'agit de la séparation de l'homme avec Dieu à travers le péché, et non la mort physique. Ainsi, dans la phrase " *le salaire du péché c'est la mort* " (Rm 6 : 23), on voit les saints mourir jeunes et les pécheurs chevronnés mourir aux environs de 99 ans. Et quand la Bible parle de manger, c'est le contexte de la phrase qui détermine s'il s'agit d'une chose prise à la bouche ou du rapport sexuel. Ainsi, dans le verset « *Telle est la voie de la femme adultère : Elle mange, et s'essuie la bouche, puis elle dit : Je n'ai point fait de mal* » (Pr. 30 : 20), on comprend directement qu'il s'agit du rapport sexuel et qu'on n'a pas à recourir à la signification de ce verbe en hébreux ou en grec comme le font les théologiens.

Quand Jésus était physiquement sur la terre, il a dit *« je suis venu pour libérer les captifs* » (Lc 4 :19,21) et pourtant, lui-même, termina sa vie comme un captif. Sa phrase, prise à la lettre, voudrait dire qu'il devrait aller dans les prisons pour libérer les gens. Or, cela n'était pas le cas. Même Jean-Baptiste dans sa captivité douta de lui en demandant si c'est lui ou qu'on devrait attendre une autre personne (Mt 11 :3).

Aujourd'hui, tous les chrétiens comprennent que ces phrases ont une signification spirituelle. C'est pour dire que les phrases bibliques, bien que prononcées avec un langage courant, ont une signification autre, par rapport à la vraie réalité. C'est un langage spirituel appelé parabole, et dont le livre » le Principe du Rév. Dr. Sun Myung Moon révèle la signification.

Section 2
La notion du temps et du travail dans la Bible

L'histoire de la Bible commence par la Genèse, dont le premier chapitre parle de la création de l'Univers. Cette histoire, qui devrait servir de fondement pour la cosmologie, a été plutôt mise de côté par des savants, croyant faire des découvertes pour la contredire. Or, à la lumière des lois et découvertes liées à cette science, l'omniprésence de Dieu s'affirme de plus en plus en tant que Créateur de l'Univers. Avant la publication de ce livre, les scientifiques pensaient que leurs découvertes éloignaient de plus en plus Dieu en tant que Créateur, et les religieux étaient désemparés.

Moïse, à qui l'on attribue l'histoire de la Genèse, n'avait pas de laboratoire ni des lunettes astronomiques, moins encore des télescopes comme nos savants actuels. Et, pourtant, tout ce qu'il a écrit est en train d'être confirmé à ces jours. Chronologiquement, l'ordre de la création des choses dans le schéma biblique et de l'apparition des choses pour la science est presque en harmonie. Quand nous disons presque, cela ne veut pas dire que c'est la science qui a raison d'autant plus que jusqu'à ces jours, on continue à découvrir des fossiles qui font reculer ou changer l'histoire.

Mais pourquoi les hommes des sciences s'éloignent-ils de l'histoire de la création de la Bible ? Il y a deux grandes raisons à cela, mais qui relèvent des malentendus, à savoir, la non-existence de la notion de temps et de travail dans le schéma de la création biblique. Mais, nous allons démontrer que ces deux notions existent bel et bien dans cette histoire de la création selon la Bible.

2.1. L'existence de la notion de temps Dans la Bible

L'histoire de la Genèse nous fait apparaître un Dieu qui crée les choses d'une manière instantanée, comme un magicien ; ce qui est faux selon notre analyse littérale. Il existe bel et bien une notion de temps dans l'histoire de la création et cette notion est bien définie dans la même Bible.

Beaucoup de religieux pensent qu'introduire la notion de temps dans le schéma de la création biblique est une façon de diminuer l'omnipotence de Dieu, ce qui n'est pas vrai. Dans tout ce que Dieu a fait, il y a eu toujours une notion de temps. L'omnipotence de Dieu se révèle à travers la perfection des choses qu'il a faites, sans tenir compte de la durée que cela a pris, comprise dans une journée, dans l'espace entre un soir et un matin : « *il y eut un soir et il y eut un matin* » (Ge 1 : 5-27).

2.1.1 La signification d'une journée biblique

2.1.1.1 Signification du mot « Jour » selon la Bible

Malgré le verset biblique : *« Mais il est une chose, bien-aimés, que vous ne devez pas* **ignorer**, *c'est que, devant le Seigneur, un jour est* **comme** *mille ans, et mille ans sont comme un jour »* (2 P. 3 :8), aucun théologien chrétien n'a pu faire un rapprochement entre ce verset et les journées dans le schéma de la création biblique, croyant que cette dernière était l'œuvre d'une parole. Il a fallu une nouvelle révélation de Dieu au couple Moon pour que l'éclaircissement apparaisse en se basant sur ce verset.

La méconnaissance de l'explication des jours de la création dans la Bible a fait qu'aucun théologien ne pouvait se tenir devant les savants avec des arguments convaincants. C'est dans le livre « Le Principe divin » du Rév. Dr. Sun Myung Moon que j'ai eu l'explication sur les jours de la création.

Dans toute l'histoire de la création biblique, il y a une phrase qui ne cesse de revenir, à savoir « *il y eut un soir et il y eut un matin* » pour marquer à la fois le début et la fin d'une création ou d'une journée selon la Bible. Et cela correspond à la fin d'une ère, selon la science. Certes, les scientifiques poseront la question de savoir ce que représente ce symbolisme. La fin d'une journée selon la Bible équivaut à une ère selon la science ; ce qui peut durer des millions voire des milliards d'années.

En effet, considérant les livres contenus dans la Bible comme un Tout par les chrétiens, dont l'auteur est Dieu, le jour biblique tel que cité au premier chapitre de la Genèse est bien défini dans la même Bible en 2 versets :

Ps 90 :**4** « **Car** *mille ans sont à tes yeux comme le jour d'hier, quand il n'est plus, et* comme *une veille de la nuit.* »

2 P 3 : 8 *« Mais il est une chose, bien-aimée, que vous ne devez pas* **ignorer**, *c'est que, devant le Seigneur, un jour est* **comme** *mille ans, et mille ans sont comme un jour. »*

Le Rév. Dr. Sun Myung Moon est le premier religieux à avoir associé ces versets au schéma biblique de la création dans le Principe de la création ; branche du livre du Principe divin.

Il y a dans ces versets deux termes très importants à savoir « ignorer » et « comme ». Tout d'abord, nous ne devrons pas ignorer la notion de temps. En second lieu, il y a le terme comparatif « comme » : « *un jour pour Dieu est comme mille ans* ». Ici, on n'a pas utilisé le mot « égale », mais plutôt « comme ». Cela veut dire tout simplement qu'un jour biblique peut représenter autant des jours, autant d'années que peut prendre un cycle ou une ère. Ainsi, dire que la création a été faite en six jours bibliques n'a rien à voir avec nos journées de vingt-quatre heures. Cela représente plutôt six grandes étapes qui, comme la science l'à découvert, ont pris des milliers, des millions, voir des milliards d'années.

En plus, la succession des événements telle que relatée au premier chapitre de la Genèse est la même que ce que la science a découvert jusque-là : l'homme étant la dernière des créatures à apparaître sur la terre.

Un exemple frappant qui montre que ce n'était pas des jours ordinaires, mais des périodes, est que pendant les trois premiers jours de la création dans le chapitre premier de la Genèse, il n'y avait pas encore la création (l'apparition) des luminaires pour marquer la notion du temps. Celle-ci est intervenue dans Ge 1 : 14, pendant la quatrième période de la création.

Ge 1 : 14 « *Dieu dit : Qu'il y ait des luminaires dans l'étendue du Ciel, pour séparer le jour d'avec la nuit ; que ce soient des signes pour marquer les époques, les jours et les années...* » **19**. « *Ainsi, il y eut un soir, et il y eut un matin : ce fut le quatrième jour.* »

Alors, les trois premiers jours étaient-ils fixés en fonction de quoi ? Puisque la notion du temps a commencé le quatrième jour ? C'était fixé en fonction de l'aboutissement des évolutions qui se déroulaient dans l'Univers.

Pour qu'on puisse parler de la notion de temps, deux ingrédients doivent être réunis, à savoir, un astre tournoyant autour d'un autre. La rotation de l'astre sur lui-même et sa translation ou révolution autour d'un autre, créent ainsi la notion quantifiable de temps. Or, comme je l'ai dit, pendant les trois premiers jours de la création, il n'y avait pas la création des astres. Donc les jours dont on parle dans la Bible dans les chapitres un et deux de la Genèse, constituent des périodes et non, nos journées ordinaires de vingt-quatre heures.

Le premier jour, qui est un temps non quantifiable de l'univers, car aucun astre n'étant encore créé, n'est pas reconnu ou n'est pas encore pris en compte par la science.

On l'appelle la période d'avant Big-bang. La science ne prend en compte que les événements qui ont suivi après le Big bang. Dans la Bible, ces événements d'après Big bang ont commencé au moment de la » séparation des eaux d'avec les eaux » (Ge 1 :6). Trouver le point précis du Big-bang scientifique dans la Bible fut l'une de mes plus grandes découvertes. Et cela fait partie de la plus grande révélation pour les scientifiques et les religieux. Le Big-bang était révélé dans les écrits qui datent de 1.500 ans av. J-C. Nous allons y revenir dans les chapitres qui suivent.

Ainsi, à l'avant Big-bang ou » à l'avant-séparation des eaux d'avec les eaux » selon la Bible, la notion de temps fut très compliquée. La science n'en dit rien, car elle a mis une croix sur cette période. Mais dans le Modèle cosmologique universel qui casse cette croix, nous avons décelé trois étapes :

- Un univers vide avec les ténèbres totales (Ge 1 : 1),
- La manifestation de la puissance de Dieu sur l'eau (Ge 1 : 2), connue sous le nom scientifique de l'action des énergies sur les matières originelles. Par la Force première Universelle, (super gravitation selon la science), cette puissance de Dieu conduira à la troisième étape, à savoir :
- Un réchauffement extrême générant des rayons. C'est cela qui est qualifié bibliquement par la phrase : « *Dieu dit : Que la lumière soit, et la lumière fut* » (Ge 1 :3).

Cet ainsi que toute cette période sombre de l'avant Big-bang jusqu'a l'apparition de la première lumière selon la Bible fut qualifiée de premier jour (Ge 1 : 2-4). Le Big-bang lui-même occupa la seconde période biblique (Ge 1 : 6-8) et la période des formations des astres occupa le troisième et le quatrième jour biblique (Ge 1 : 9 et 14), sans toutefois qu'il ait des astres de référence pour calculer ces temps.

Ce développement des pensées va des pairs avec cette pensée des scientifiques que nous pouvons lire :

« *Les* cosmologistes *voudraient bien préciser les dates de ces phénomènes et bien évidemment les étudier. Mais comment obtenir des informations sur ce qui s'est passé pendant les âges sombres alors qu'il n'existait aucune étoile pour briller et comment observer ces tout premiers* astres *que l'on appelle des étoiles de populations III* » ?
(Cfr : futurasciences.com. Premières étoiles de l'univers : des signaux enfin détectés, Laurent SACCO. Le 02/03/2018).

Tout ceci est pour confirmer qu'il y a eu bel et bien une notion de temps dans l'histoire de la création biblique, et les jours dont on parle n'ont rien à voir avec nos journées de vingt-quatre heures.

Ainsi, la notion du temps biblique, ressortie dans le Principe de la Création, branche du livre du *Principe* divin du Rév. Dr. Sun Myung Moon, appuyé par mes arguments dans ce livre, montre qu'il n'y a pas des discordances entre la science et la Bible.

2.1.1.2. Soir et matin selon le Principe de la création

Ge 1 :4 « ... il y eut un soir et il y eut un matin... »

L'utilisation des termes « soir et matin » a désorienté tout le monde pour réfléchir sur la notion du temps biblique. Ces deux termes semblent confirmer qu'une journée biblique équivaut à vingt-quatre heures. Pourquoi la Bible a-t-elle utilisé les termes « soir et matin » au lieu de faire référence à d'autres temps de la journée ? Encore une fois, nous recourons au Principe de la création, branche du livre du Principe divin du Rév. Dr. Sun Myung Moon :

« Le mot « jour » dans le premier chapitre de la Genèse ne se réfère pas au jour normal de vingt-quatre heures, quant aux expressions « matin » et « soir » elles ne peuvent davantage être interprétées selon le sens ordinaire. Considérons ce passage dans Ge1 : 5 « ... il y eut un soir et il y eut un matin : premier jour ». Après une étape de l'œuvre de la création de Dieu qui avait duré un soir et une nuit, la venue du matin ou du temps de la récolte fut considérée par Dieu comme faisant partie du premier jour. Toujours dans Ge 1, Dieu dit : « il y eut un soir et il y eut un matin : deuxième jour... troisième jour... quatrième jour... cinquième jour... sixième jour. » (Principe divin, niveau 4, P.31)

Le « **soir** » signifie selon la révélation divine contenue dans le Principe divin du Rév. Dr. Sun Myung Moon auquel je m'aligne ", la période où Dieu créa ou la période de la semence. La période à laquelle Dieu cessa de créer une chose ou un objet jusqu'à celle où l'idéal de la création est réalisé, est une période de croissance. Elle est représentée par la nuit, la période se situant entre le soir et le matin.

Scientifiquement, cette période est connue sous le nom de « l'évolution ». Une chose subit l'évolution quand elle n'a pas encore atteint la forme finale ou la maturité requise. Donc, le « matin » représente la période durant laquelle l'idéal de la création fut réalisé, c'est-à-dire la période de la maturité ou de l'achèvement.

Pour comprendre tout ceci, prenons les trois étapes de la création ou de la formation de l'homme. Du moment où Dieu dit : faisons l'homme à notre image ; ici nous sommes en face de la volonté. Puis vint le moment où il est écrit " Dieu forma l'homme " jusqu'au moment où l'homme devint un être vivant, qui représente le soir. Après ça, il y eut un processus d'évolution qui aboutira à un être intelligent prêt à recevoir le commandement et à mettre en œuvre son libre arbitre centré sur Dieu. C'est la période de croissance ou la nuit ; ce que la science appelle la période évolutive.

Le « matin » représente l'accomplissement de l'idéal de la création ou le temps de la maturité, ce qui permet à Dieu de passer à une autre étape. D'où l'expression biblique **« ... il y eut un soir et il y eut un matin**... » **(Ge 1 :4)**, pour marquer le début et la fin d'une période.

Ainsi nous avons :

Dieu dit : qui représente sa volonté

Soir : formation embryonnaire palpable de sa volonté, le moment de la semence ou l'origine.

Nuit : croissance de la chose créée ou période évolutive.

Matin : achèvement selon l'idéal final de Dieu ou le moment de la récolte.

Il faut savoir que chacune des trois étapes ci-dessus peut prendre une millième de seconde (temps inflationnaire du second jour) à plusieurs milliers, millions ou milliards d'années jusqu'à l'aboutissement de l'idéal que Dieu cherche et est représenté par une journée biblique (2Pierre 3 : 8). C'est cela qui est expliqué au point 1.1. Comme nous pouvons encore le relire :

2 P 3 : 8 *Mais il est une chose, bien-aimés, que vous ne devez pas* **ignorer**. *C'est que, devant le Seigneur, un jour est* **comme** *mille ans, et mille ans sont comme un jour.*

Voyons un extrait de discours démontrant que la notion de temps scientifique est aussi prise en compte par les religieux par rapport aux six jours bibliques qui ne sont que des périodes et que cela n'est pas seulement une interprétation du Rév. Dr. Sun Myung Moon. Il s'agit du discours prononcé à l'Académie pontificale (1951) puis aux astronomes (1952) par le Pape Pie XII pour encourager l'Abbé Georges Lemaitre d'avoir émis l'idée de « l'atome primitif » qui deviendra le fondement de la théorie du

Big-bang :

« *D'autre part, l'esprit avide de vérité insiste avec raison pour demander comment la matière n'a jamais pu arriver à un semblable état, si inconcevable pour notre expérience d'aujourd'hui, et pour rechercher ce qui l'a précédée... Avec le même regard limpide et critique, dont il examine et juge les faits, il y entrevoit et reconnaît l'œuvre de la Toute-puissance créatrice dont la vertu suscitée par le puissant Fiat prononcé il y a des* **milliards d'années** *par l'Esprit Créateur, s'est déployée dans l'univers, appelant à l'existence, dans un geste de généreux amour, la matière débordante d'énergie. Il semble, en vérité, que la science d'aujourd'hui, remontant d'un trait des millions de siècles, ait réussi à se faire le témoin de ce Fiat lux initial, de cet instant où surgit du néant, avec la matière, un océan de lumière et de radiations, tandis que les particules des éléments chimiques se séparaient et s'assemblaient en millions de galaxies.* »

Après ce discours qui démontre que la religion n'est pas contre la notion du temps scientifique, l'Abbé Belge Georges Lemaitre a demandé au Pape de ne pas se mêler de la science, tout en lui rappelant que sa découverte « d'atome primitif » comme étant le début de l'Univers, était purement scientifique et n'avait rien avoir avec la religion. Mais, à ce jour, moi je félicite le Pape Pie XII d'avoir vu l'inspiration divine dans cette découverte, car la notion 'd'atome primitif' d'Abbé Belge Georges Lemaitre est bel et bien biblique. C'est la découverte de la notion 'd'atome primitif' ou du phénomène Big-bang dans la Bible qui m'a poussé à écrire ce livre alors qu'au départ mes recherches étaient seulement dictées par la curiosité de voir si le schéma biblique de la création répondait aux observations.

2.1.1.3. Contenus scientifiques des journées bibliques

Voici comment les 6 jours bibliques sont répartis scientifiquement :

– Entre le Premier jour et le deuxième jour, ce fut une époque non quantifiable car ce fut une période énergétique. Toutefois, nous avons dit que l'Univers est naturellement froid et ténébreux. Le confinement de l'Univers ou sa contraction durant la période d'Avant Big-bang a fait que sa température a augmenté aux environs de 1015 °C. En plus, au cours de cette contraction, il a émis la première lumière, prouvant l'augmentation de la température. Ainsi pour connaitre le temps qu'apprit l'Avant Big-bang, on doit découvrit la température d'origine (x) quand les particules se sont créés, la vitesse de la contraction (y) pour aboutir à la température de l'Univers condensé (z). Je laisse ce calcul aux astrophysiciens.

– Le deuxième jour ou la séparation des eaux d'avec les eaux, appelé scientifiquement le big-bang, a duré moins d'une seconde. Les reculs pour comprendre le moment exact du Big-bang ou de la séparation des eaux d'avec les eaux n'a jamais était atteint car les calculs se sont limité à 10-43 seconde. Au-delà, les équations physiques n'y répondent plus. Cette limite est connue sous le nom de Mur de Planck. Donc, la situation demeure encore floue entre le temps exact du big-bang ou de la séparation des eaux d'avec jusqu'à 10-43 S.

– Entre le deuxième jour et le troisième et quatrième jour, cela a pris 9 milliards d'années. En effet la terre qui fut formé au troisième jour et le Soleil qui fut formé au quatrième jours, ont été tous projeté par une même masse appelé « eaux » selon la Bible et « étoile de la troisième génération » selon la science. La Bible ne parle que des étapes finales, mais la science se force de nous détailler ce qui s'est passé.

– Entre le quatrième jour et le cinquième jour, cela a pris 400 millions d'années, caractérisé par l'apparition des cellules procaryotes où certains se sont mutés en algue et d'autres en bactéries. Les recherches sont encore en cours pour déterminés ceux qui sont apparues en premier. Mais selon le Modèle Cosmologique universel, ce sont les algues qui ont donné la matière des croissances aux premiers organismes vivant. D'où, les plantes furent citées en premier par rapport à toutes les créatures vivantes dans le premier chapitre de la Genèse et les êtres sous-marine en deuxième position.

– Entre le cinquième jour et le sixième jour caractérise par l'apparition des mammifères, cela a pris 2,8 milliards d'années. Selon la science, les mammifères sont apparues, il y a de cela 200 millions d'années, suivi de la lignée humaine, il y a de cela 7 millions d'années. Même dans la bible, les mammifères et les hommes apparurent au sixième jour ou à la dernière période comme confirmé par la science.

(Cfr : http://www.alex-bernardini.fr/evolution/)

Scientifiquement, du premier au sixième jour biblique, cela a pris plus de 13,8 milliards d'années. La durée de temps du premier jour ou de l'Avant big-bang que j'ai découvert dans la Bible, demeure encore non quantifiable. Il est écrit "L'esprit de Dieu se mouvait au-dessus des eaux". Depuis quand cette eau-là a été créée ? Scientifiquement, ce verset veut dire qu'à l'origine, il y avait déjà une activité dynamique sur les particules., tel qu'on l'étudie dans la mécanique quantique et dont les recherches se poursuivent encore.

2.2. L'existence de la notion de travail dans la Bible

Il existe bel et bien une notion de travail dans l'histoire de la création et cette notion est bien définie dans la même Bible par les verbes faire et former. Beaucoup de religieux pensent qu'introduire la notion de travail dans l'histoire de la création, c'est encore une façon de diminuer l'omnipotence de Dieu. Ce n'est pas vrai. Dans tout ce que Dieu a fait, il y a eu toujours une notion de temps et de travail. Par exemple quand nous lisons les versets ci-dessous :

Ge 1 : **3**-*5 : « Que la lumière soit ! Et la lumière fut... Ainsi, il y eut un soir, et il y eut un matin : ce fut le premier jour »*.

Comment un Dieu puissant capable de dicter l'apparition des choses par sa parole magique attendra-t-il toute une journée biblique pour passer à l'étape suivante ? C'est impensable. Avec notre fausse compréhension sur Dieu, les choses auraient pu se faire en un seul instant plutôt qu'à six jours bibliques, ce qui n'est pas le cas.

Il y a toujours un travail du début de la pensée jusqu'à l'accomplissement de l'acte. Nous pouvons prendre un exemple terre à terre. Vous quittez le matin pour aller au service, votre épouse vous dit qu'elle va vous préparer la nourriture que vous aimez. L'idée et le schéma de la nourriture se trouvent déjà dans sa pensée. Vous revenez du service et vous trouvez que la table est prête comme promis. Votre épouse a réalisé sa promesse telle qu'elle l'a faite le matin, et vous êtes content de manger la nourriture que vous aimez le soir (ainsi, il y eut un soir et il y eut un matin).

Pour l'homme, c'est comme si la femme avait dit : que la nourriture soit et la nourriture fut. Avec une telle pensée, on ne peut apprécier le grand travail de la femme, tout comme avec l'apparition simultanée des choses, on ne peut apprécier le grand labeur de Dieu.

Dans le paragraphe précédent, il y a la pensée et l'étape finale. Mais, entre la pensée et l'étape finale, il y a et il y eut un travail. Pour qu'on arrive à cette étape finale, beaucoup de choses ont dû se passer.

Et même cette nourriture, pendant qu'elle bout, libère certains gaz dans l'atmosphère, susceptibles de causer des maux de ventre s'ils sont ingérés par l'homme. Ainsi, en est-il de la phrase " Dieu dit ", qui représente la pensée, et la chose se fut ; qui représente la finalité. Mais entre les deux mots : "soit et fut", il y a eu un grand travail qui a duré des milliers, des millions voire des milliards d'années.

L'exemple le plus frappant de la notion des temps et du travail, et qui justifie l'effort effectué par Dieu, nous le voyons lors de la création de l'homme et de la femme.

Ge2 : **7-8** « *L'Éternel Dieu* **forma** *l'homme de la* **poussière** *de la terre, il* **souffla** *dans ses narines un souffle de vie et l'homme devint un être vivant. Puis l'Eternel Dieu* **planta** *un jardin en Éden, du côté de l'orient, et il y mit l'homme qu'il avait f***ormé** ».

Ge 2 : **19** « *L'Éternel Dieu* **forma** *de la terre tous les animaux des champs et tous les oiseaux du Ciel, et il les fit venir vers l'homme, pour voir comment il les appellerait, et afin que tout être vivant portât le nom que lui donnerait l'homme* ».

Ici nous sommes en présence d'un Dieu Créateur de tout et qui ne s'octroyait pas des repos.

Ge 2 :21 « *Alors l'Éternel Dieu* **fit tomber** *un profond sommeil sur l'homme, qui s'endormit ; il* **prit** *une de ses côtes, et* **referma** *la chair à sa place.* **22***L'Éternel Dieu* **forma** *une femme de la côte qu'il avait prise de l'homme, et il l'amena vers l'homme* ».

Ceci étant, nous voyons que dans tout ce que Dieu a fait dans le schéma de la création biblique, il y a eu l'intervention du temps et du travail. Les malentendus entre les religieux et les scientifiques concernant ces deux notions sont ainsi levés. Sinon, comment justifier ce repos de guerrier que Dieu s'octroya au septième jour ?

Ge 3 :1 *« Ainsi furent achevés les cieux et la terre, et toute leur armée.* **2** *Dieu acheva au septième jour son œuvre, qu'il avait* **faite** *: et il se reposa au septième jour de toute son œuvre, qu'il avait* **faite. 3** *Dieu bénit le septième jour, et il le sanctifia, parce qu'en ce jour il se reposa de toute son œuvre qu'il avait créée en la* **faisant** »

Il y a ici un mot très important sur lequel la Bible insiste pour faire ressortir le terme travail ; c'est le verbe **faire**. Il se répéta avec insistance à **trois reprises** pour effacer l'image d'une parole magique de Dieu s'accomplissant sans effort. Et en **Ge 3 :3**, on mêle les verbes « créer » et « faire », pour montrer que cette création résulte de fruit d'un effort. Un raisonnement qui a échappé jusque-là à tous les théologiens. Lisons :

Ge 3 :**3** *Dieu bénit le septième jour, et il le sanctifia, parce qu'en ce jour il se reposa de toute son œuvre qu'il avait* **créée** *en la* **faisant** ».

Section 3
La voix de Dieu

3.1. Dieu dit

Nous voulons encore revenir sur cette phrase magique de « Dieu dit »et « la chose se fut » dans le schéma biblique sur la création. À qui Dieu parlait-il ou commandait-il ?

Quand on analyse scientifiquement la création à ce jour, les scientifiques ont découvert qu'il n'y a plus eu de coupures entre le moment où les premières particules sont apparues ou s'étaient formées, jusqu'à la formation de l'homme (Ge 1 :2-27) – même si la science parle parfois de la brisure spontanée de symétrie à certaines périodes, ou des mutations accidentelles. C'est pourquoi les scientifiques ne croient pas à la prédestination évolutive de la création.

Il y a eu évolution cyclique harmonieuse dans l'ordre de l'apparition des choses. Par exemple, tout ce qui respire ne pouvait pas apparaître en l'absence de l'eau.

Sur ce, nous devrons nous poser la question de savoir si réellement Dieu dictait l'apparition des choses. À la lumière de l'analyse qui est faite dans ce livre et ce que la science a pu découvrir, nous voyons qu'il n'en était pas ainsi. Car, s'il en était ainsi, nous aurions une structure d'ADN différente de plante et des animaux ; ce qui n'est pas le cas. Pour cela nous pouvons dire que les choses ont évolué, et aucune chose n'est apparue indépendamment des autres. Depuis la formation du premier atome, jusqu'à l'homme, tout est lié. Et l'homme qui est la dernière créature apparaît comme le microcosme du cosmos en ayant en lui tout ce qui est physique, tout ce qui est énergie et tout ce qui est spirituel dans le cosmos.

Le mot " évolution " peut être péjoratif pour les religieux parce qu'il était utilisé auparavant par ceux qui voulaient défier la Bible. Mais qu'est-ce qui fait la différence entre notre façon de penser et les partisans de l'évolution ? Cet effectivement cette phrase de " Dieu dit " qui est utilisée en Genèse, démontrant le prédéterminisme du schéma de la création.

En effet, les partisans de l'évolution excluent Dieu comme Créateur, alors que les croyants l'affirment, (Ge 1 : 1). Et nous disons que les premiers phénomènes qui ont abouti aux particules originelles avant qu'on arrive au Big-bang, que vous allez comprendre dans les chapitres qui suivent, ont été voulus par l'idéal de Dieu. C'est ce qui justifie l'utilisation de la phrase par Moïse « Dieu dit ».

Prenons un cas concret de l'évolution, mais sous la volonté divine :

En Ge 1 :**3** *« Dieu dit : Que la lumière soit ! Et la lumière fut » ;* or, cette lumière est apparue, non pas parce que Dieu notre Père a dit que la lumière soit, mais ce fut plutôt une conséquence de l'esprit de Dieu (énergie) sur les eaux (matières originelles) dans l'abîme (genre de trou noir) (Ge 1 : 2). Donc, ce fut un phénomène obéissant aux lois physiques. Mais, comme ça faisait partie du schéma de la création comme prédestiné par Dieu, Moïse parla de « Dieu dit » avant son apparition.

Alors, pourquoi Moïse utilisait-il chaque fois l'expression « Dieu dit », alors qu'on avait affaire à des phénomènes évolutifs et physico-chimiques ? C'était pour dire que la formation de l'univers était sous contrôle divin et cela faisait partie de l'idéal de Dieu. Donc, l'expression « Dieu dit » n'a rien à voir avec une phrase magique et c'est ce qui a voilé le schéma biblique de la création en cosmologie jusque-là. Comme nous l'avons dit auparavant, c'est comme une femme qui prépare et qui n'a pas à dire tout le temps « que l'eau bouillisse, que la nourriture devienne pâteuse » ; tous les schémas sont déjà en elle. Mais, pour aller d'une évolution à l'autre dans la Bible, Moïse utilisait la phrase « Dieu dit » pour montrer que ce n'était pas un « hasard de la nature » qui était en train de s'accomplir.

Si Moïse utilisait la phrase " Dieu dit ", c'est pour dire que c'était dans l'idéal de Dieu pour qu'on aboutisse aux résultats escomptés tels que la science les découvre. Ainsi, "Dieu dit " fait partie de la volonté intérieure de Dieu, tandis que l'action amorcée fait partie de la voix de Dieu.

*1Ge 1 :***3** *Dieu dit : Que la lumière soit ! (Volonté intérieure, idéale) ;*

1Ge 1 : 3...Et la lumière fut. (Action ou la voix) **4** *Dieu vit que la lumière était bonne.*

1Ge 1 : **26** *Puis Dieu dit : Faisons l'homme à notre image (Volonté intérieure, idéale) ;*

1Ge 1 : **27** *Dieu créa l'homme à son image (Action ou la Voix)*

31 *Dieu vit tout ce qu'il avait fait et voici, cela était très bon.*

Ici, nous parlons de l'expression " Dieu dit ", utilisée dans le schéma biblique de la création, et non dans toute la Bible. Dieu a parlé à beaucoup de personnes directement dans la Bible ; et en dehors de la Bible. À l'entendre, c'est comme une parole audible. Mais quand on regarde aux alentours, on se rencontre que celle la personne à qui la parole était adressée, a été la seule à l'entendre. C'est pour dire que la voix de Dieu est intérieure. Et, la personne, à qui elle est destinée, l'entend à travers son âme, par ses sens spirituels, croyant parfois l'avoir attendue par ses oreilles.

Deux exemples parmi tant d'autres : c'est lors du baptême de Jésus que Jean Baptiste fut le seul à avoir entendu la voix de Dieu et les phénomènes qui se déroulèrent (Mt 3 : 16-17). IL en est de même pour Samuel qui a entendu la voix de l'Eternel, croyant que c'est le prophète Eli qui l'appelait (1 S 3). Lisons

Mt 3 :16-17 *« Dès que Jésus eut été baptisé, il sortit de l'eau. Et voici, les cieux s'ouvrirent, et il vit l'Esprit de Dieu descendre comme une colombe et venir sur lui. Et voici, une voix fit entendre des cieux ces paroles : celui-ci est mon Fils bien-aimé, en qui j'ai mis toute mon affection ».*

1 Sa *3 : 8-9 « L'Éternel appela de nouveau Samuel, pour la troisième fois. Et Samuel se leva, alla vers Eli, et dit : me voici, car tu m'as appelé. Eli comprit que c'était l'Éternel qui appelait l'enfant, et il dit à Samuel : Va, couche-toi ; et si l'on t'appelle, tu diras : parle, Eternel, car ton serviteur écoute. Et Samuel alla se coucher à sa place ».*

Ces exemples sont donnés aux croyants, car les savants savent déjà qu'attribuer à Dieu la parole audible, c'est lui attribuer les fonctions physiologiques.

Par sa volonté et sa puissance, Dieu a dû travailler pour que les choses apparaissent et se forment. Cela est confirmé par la phrase biblique qui mentionne la fin de chaque création à savoir « ceci est bon ». On ne peut dire une telle expression que quand on contemple l'œuvre réussit qu'on venait de faire et non ce que l'on fait apparaître d'une façon magique ou miraculeuse.

3.2. Dieu dit, Dieu fit, Dieu créa et la brisure spontanée de symétrie

3.2.1. La symétrie

Par symétrie, on sous-entend une conservation de propriétés, une espèce de stabilité globale même au sein d'un mouvement. La rupture de symétrie suppose donc qu'un système où quelque chose qui se conservait, cesse brutalement de le faire et donne lieu à un phénomène inattendu.

L'histoire de la création pour la science, relève des brisures spontanées des symétries. Moïse, dans la Bible, les a divisées en six jours, qui font partie des six périodes de la création. Mais, au sein de chaque période, on retrouve des phénomènes inexpliqués. Par exemple, si nous prenons le premier jour, ou la période moins un dans la science (c'est-à-dire non encore reconnu), on peut se poser la question suivante :

Dans le verset « Dieu créa les cieux et la terre (univers) » ; comment le physique (la terre) apparut-il du spirituel ? Pour la science, il y a eu une brisure de symétrie quelque part. La symétrie, c'était un ciel stable, qui se conservait. Et du coup, une partie de sphère des cieux, remplie par les particules spirituelles, se transforma d'une manière inexpliquée en particule et antiparticule physique dans « une terre informe et vide ».

Donc, une rupture de symétrie sous-entend un changement brutal des lois ; une transition, diraient les physiciens, une révolution pour tous ceux qui étudient le changement social. Pour la science, bien d'autres propriétés de la matière, toutes en fait, sont nées au sein de telles transitions qui marquent l'histoire de l'Univers.

Tout ceci est pour dire que les scientifiques sont conscients des phénomènes miraculeux « Dieu dit, Dieu fit, Dieu créa » en constatant des phénomènes avec des chainons manquants dans l'Univers. Ils ont remplacé cela par la qualificative « brisure de symétrie » qui signifie le passage brutal, voire spontané, par un état dans lequel apparaît un nouveau paramètre qui n'existait pas précédemment. Cela est confirmé par la citation ci-dessous :

« *Les découvertes en physique au cours des dernières décennies nous ont conduits à accorder une grande importance au concept de symétrie brisée. L'évolution de l'univers depuis sa naissance est envisagée comme une succession de brisures de symétries. Lorsqu'il surgit du Big-Bang, l'univers est symétrique et sans structure. Au fur et à mesure qu'il refroidit, il brise une symétrie après l'autre, et autorise ainsi l'apparition d'une structure de plus en plus différenciée. Le phénomène de la vie lui-même prend naturellement sa place dans ce tableau. La vie aussi est une brisure de symétrie.* »

(Cfr : *F. J. Dyson, Infinite in all Directions, Harper and Row, 1988*).

En ce qui concerne la création, jusque-là les savants ont constaté les phénomènes discontinus, cédant la place à d'autres phénomènes. Mais, ils n'ont pas encore trouvé d'effet causal. Dans le schéma de la création biblique, la brisure spontanée de symétrie a eu lieu dans les endroits où Moïse a dit « Dieu dit, Dit fit ou Dieu créa ».

Si la science elle-même n'arrive pas à trouver des réponses sur ces phénomènes, à son temps, Moïse l'aurait attribué à qui en tant que prophète et savant ? A Dieu bien sûr. Mais, les savants préfèrent dire le hasard de la nature. Ils se moquent des croyants quand ces derniers parlent de

« Dieu dit, Dieu fit, Dieu créa », mais ils veulent que ces derniers le croient en parlant de la brisure spontanée des symétries ou du hasard de la nature.

Pour un exemple plus précis de la brisure de symétrie dans le règne animal, c'est l'homme et le singe. En effet, le singe est souvent considéré scientifiquement comme étant l'ancêtre de l'homme. Or, ce qu'on constate est qu'il y a eu une brisure de symétrie qui a fait qu'on passe de la forme de singe à un être avec une forme qui lui permet de faire tout ce lui passe à la tête. Tenez, pour porter ses petits, la lionne utilise sa gueule, ce qui occasionne parfois leurs morts, alors que l'homme possède des bras qui lui permettent de bien ajuster ce qu'il porte.

Bibliquement, après la création des animaux, Dieu a mis une pause. Pour enfin dire : "créons l'homme à notre image". On voit directement que ce qui va être créé ou formé de nouveau sera différent du précèdent. Entre le précèdent et ce qui suit, les analyses scientifiques ont révélé qu'il y a une brisure de symétrie, qualifiée parfois en biologie des accidents mutationnels des gênes.

3.2.2. L'asymétrie

Au niveau microcosmique, on a aussi découvert des phénomènes inexpliqués qualifiés d'asymétrie. Lisons l'article suivant :

« *Il est admis que la force faible du* Modèle standard *de la* physique des particules *est à l'origine d'une différence de comportement entre la matière et l'*antimatière *(ce que l'on appelle la violation de la* symétrie *CP) dans les désintégrations de particules contenant des quarks, qui font partie des constituants de la matière.*

Ce type de violation de CP découle des mystérieuses interférences quantiques qui se produisent lorsqu'une particule et son antiparticule se désintègrent. La particule a la capacité de se transformer spontanément en son antiparticule et vice versa...Les données que nous apporterons la troisième période d'exploitation du LHC et le LHC à haute luminosité *permettront d'affiner encore la précision de ces paramètres d'*asymétrie *matière-antimatière et peut-être de mettre en évidence de nouveaux phénomènes de physique, qui pourraient nous aider à faire la* lumière *sur l'un des secrets les mieux gardés de l'Univers ».* (Cfr : https://www.techno-science.net/actualite/asymetrie-matiere-antimatiere-mesures-plus-precises-jamais-obtenues-N23393.html / Adrien, 24 juin 2023-CERN)

Comme on le voit, l'Univers recèle encore beaucoup des mystères et l'astrophysique n'est qu'à son début. Les croyants attribuent ces mystères à Dieu, d'où les dictions « Dieu dit, Dieu fit, Dieu créa ». La science essaye à tout prix de comprendre ces phénomènes. S'il y a cent ans de cela où la théorie de Big-bang a mobilisé les scientifiques, la découverte dans les premiers écrits cosmologiques contenus dans la Bible qui dévoile que l'Univers a commencé à partir du vide, change toute la vision et redonne raison aux scientifiques qui qualifie le Big-bang d'un rebond.

Ce livre basé sur ces découvertes est le premier à décrire réellement la sphère de l'Avant Big-bang que vous allez suivre à partir du cinquième chapitre. L'auteur de ce livre devient aussi devient la première personne à avoir réellement découvert cette sphère.

Section 4
Les parallélismes entre les temps standard, astronomique et biblique

4.1. Le temps standard

Notre temps ou les temps standard a pour référence la révolution de la Terre autour du Soleil et la rotation de la Terre sur son axe. La rotation de la Terre autour de lui-même dure vingt-quatre heures ; ce qui équivaut à un jour. Et la révolution de la Terre autour du soleil dure en moyenne 365 jours, dénommés une année. Elle est connue sous le nom de translation. Ainsi, dès qu'on parle des jours et d'années, tout le monde prend pour référence ces temps standard. Mais pour ce qui est du temps biblique et astronomique, ces valeurs sont tout à fait sans objet.

4.2. Le temps astronomique

Les échelles de temps dans la Bible et de distance en astronomie n'ont presque rien en commun avec la vie journalière des habitants sur la terre. En astronomie, les références sont faites à partir des distances. Les astres sont tellement éloignés les uns des autres que les mètres et les kilomètres deviennent inadaptés pour les exprimer. Pour cela les astronautes ont choisi plusieurs unités de référence telle que la distance moyenne de la terre au Soleil qu'ils appellent **l'unité astronomique (UA)**. Cette distance est de l'ordre de **150 000 000** (cent cinquante millions) de kilomètres.

1 UA est la distance réduite en une unité entre la Terre et le Soleil. Si 2 astres se trouvent séparés l'un de l'autre de **300 000 000 km**, on dira qu'ils sont séparés d'une distance de **2 UA**. Ainsi, Pluton qui était la planète la plus éloignée dans le système solaire atteint parfois une distance moyenne par rapport au soleil de **7 395 000 000 km**. En divisant ce chiffre par 150 000 000 km, on obtient **49,3 UA** ; qui est beaucoup plus facile à prononcer. Ainsi, on dit la distance entre Pluton et le Soleil est de **49,3 UA**.

Mais les astronomes ne se sont pas limités par là. Lorsqu'ils ont commencé à observer l'espace au-delà des limites du système solaire, ils ont aperçu des gouffres tellement gigantesques que même les unités astronomiques **(UA)** sont devenues bien trop petites comme échelle de mesure.

Par exemple, parmi plus d'un milliard d'étoiles déjà découvertes par de grands télescopes et satellites, la plus proche, Alpha du Centaure, se trouve éloignée de la terre à une distance moyenne de **40 398 000.000 000** des kilomètres (**40 398 milliards de km**) ; un chiffre long à étaler, et qui est égal **à 269 320 UA**.

Ainsi pour évaluer de telle distance, les astronomes ont pris comme référence la vitesse de la lumière dans le vide qui est d'environ **300 000 km**/s **soit 7 fois** le tour de la terre en une seule seconde. C'est ainsi que l'apparition de la lumière nous semble toujours spontanée. D'après la relativité restreinte, cette vitesse est une limite ne pouvant être dépassée par aucun objet possédant une masse. Cette lumière est constituée par des ondes appelées photons.

Mais cette mesure ne convenant pas non plus pour certaines distances, les scientifiques ont choisi comme unité l'année-lumière (al), qui est la distance parcourue dans le vide par la lumière pendant une année. Si nous faisons le calcul, une année-lumière équivaut à :

1 al = 300.000 km x 60 (1 minute) x 60 (1 heure) x 24 (1 jour) x 365 (1 année) = 9.460.800.000.000 km soit environ 9.461 milliards de kilomètres. Donc une année-lumière est égale à **9.461 milliards de kilomètres**.

Le Soleil se trouve à 150.000.000 km de la terre. En divisant ce chiffre par 300.000km/s de la vitesse de sa lumière, nous aurons 500 secondes soit 8 min20 s. Ainsi, nous pouvons dire que la lumière du soleil met 8min20s pour atteindre la terre. Pour le convertir en km, on le multiplie de nouveau par 300.000 km/s. Telle est la façon dont on procède pour calculer la distance des étoiles lointaines. Pour qu'un corps atteigne cette vitesse, il doit être réduit au niveau des ondes et se reconstituer à l'arrivée.

Au-delà de l'année-lumière, il y a encore le parsec. Un parsec (symbole « pc ») équivaut à **3,08.1013 km**, soit à 3,26 années-lumière ou encore 206 265 unités astronomiques (UA).

Mais, juste après le Big-bang, pendant les temps qui s'ensont suivis, appelés période inflationnaire, les événements se déroulèrent à une vitesse qui dépassa celle de la lumière et de tout entendement selon le modèle standard scientifique. La théorie du Big-bang cherche à décrire l'état physique de l'Univers lors de l'explosion ou de l'expansion primordiale. Mais les modèles se heurtent à une barrière temporelle, jusqu'à présent infranchissable, fixée à **10-43(10 exposants -43)** secondes après le Big-bang. En deçà de cette limite, nommée temps de Planck, la théorie classique de la gravitation et toutes les lois physiques cessent d'être valides, selon la science jusque-là.

Par exemple, dans le laps de temps ultra court (**de 10-35à 10-32secondes**), selon la science, le volume de l'Univers augmenta de manière inimaginable (d'un facteur10^{27} ou 10^{50}, selon les théories) alors que dans les 15 milliards d'années suivantes, son volume n'augmentera que d'un facteur10^9. [1]

4.3. Le temps biblique

Pour ce qui est de la Bible, nous avons dit que la notion de temps est différente du temps standard, terrestre et astronomique. Les jours correspondent aux périodes évolutives et celles-ci n'ont pas toutes les mêmes durées selon 2 P3 : 8. Lisons :

2 P 3 : 8 *« Mais il est une chose, bien-aimés, que vous ne devez pas* **ignorer**, *c'est que, devant le Seigneur, un jour est* **comme** *mille ans, et mille ans sont comme un jour. »*

On n'a pas dit que un jour est égale a mille ans. Cela dépendait du temps de l'accomplissement d'un idéal à un autre, avons-nous dit. Pour un autre exemple terre à terre, prenons le cas d'une femme ayant séjourné au pôle nord et qui donne le témoignage que son bébé s'est mis debout à l'espace d'un jour. Pour nous qui résidons entre les tropiques, cela peut nous paraître bizarre. Or, il y a des zones dans le pôle Nord notamment dans les cercles polaires antarctiques et arctiques où l'alternance du jour et de la nuit dure 6 mois et non 12 heures. Donc, replacer dans le temps et dans l'espace, cette femme a dit la vérité parce que là où elle a accouché, un jour a une longueur de 6 mois par rapport à nous qui sommes entre les tropiques. Et aujourd'hui, chaque planète a sa durée de jour par rapport à sa rotation.

L'histoire de la création était rejetée par la science, personne n'a eu l'idée de la replacer dans le temps et dans l'espace pour comprendre ce langage qui nous vient de l'antiquité. Heureusement que le Principe de la

1. Big-bang, théorie du" Microsoft® Encarta® 2009 [DVD]. Microsoft Corporation, 2008.

Création, chapitre du Principe divin du Couple Moon, a levé l'équivoque.

Moïse, à travers les écrits bibliques, s'est aussi servi d'une mesure pour indiquer le temps dans la création. Le Rév. Dr. SUN MYUNG MOON fut le premier dans le Principe de la création, branche du Principe divin, à dévoiler que les jours dans la création biblique étaient des périodes, alors que jusque-là tout le monde croyait à une apparition simultanée des événements dictés par la Parole de Dieu. Ainsi, un jour biblique correspond aux temps que prend l'évolution d'un événement depuis sa conception (par Dieu), jusqu'à sa réalisation— ce que nous appelons la période de maturité ou le matin selon la Bible.

En effet, avant le Big-bang et dans les premiers instants après le Big-bang ou la séparation des eaux d'avec les eaux bibliques, il n'y avait aucun astre, ni aucune étoile. C'est-à-dire qu'il n'y avait ni jour ni nuit. Cela nous rend incapables de déterminer les durées des événements qui se sont déroulés

Il en est de même pour tous les événements inclus dans le temps inflationnaire. Durant ce temps, il n'y avait pas l'alternance de jours et de nuit. Et quand il n'ya pas l'alternance de jours et de nuit, la fin d'une évolution pour passer dans l'autre marque une période. Et c'est, ce que Moïse a fait dans la Bible en le qualifiant d'une journée.

Si les astronomes se sont servis des certaines références matérielles pour déterminer le temps, Moïse parlait plutôt de la création dans l'univers. C'est-à-dire, au moment où il n'y avait aucune référence pour indiquer le temps. Ainsi, on comprend pourquoi il prit comme référence « jour » ; le temps où un idéal fut conçu jusqu'à sa matérialisation. Le terme scientifique approprié est le cycle d'évolution. Par-là, on comprend directement que ces jours n'avaient pas la même durée.

D'où cette conclusion scientifique :

« *...le temps varie en fonction des processus quantiques et par conséquent il n'existe pas un temps universel même abstrait (comme celui de notre vie courante) qui puisse définir des variations entre deux états d'un processus quantique* ».

(Cfr : Claude Sarrailh, le secret de la vie, éd. Librinova, 2018, P.12).

Par exemple, la première période dénommée premier jour parlait du temps où l'univers fut vide et ténébreux jusqu'à l'apparition de la lumière (Ge 1 : 1-3). À travers ce livre, on découvrira que ce fut un temps beaucoup plus long que le second jour où il est écrit que " Dieu sépara les eaux d'avec les eaux " ou Big-bang et qui n'a duré que l'espace de 10^{-n}seconde.

Voici une illustration selon la science de ce qui s'est passé juste après la « séparation des eaux d'avec les eaux » ou Big-bang.

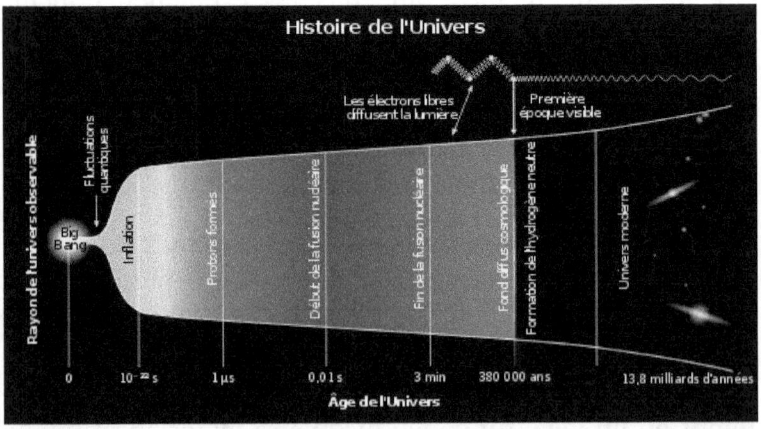

« *L'époque de la recombinaison de l'hydrogène correspond à celle de l'émission du* fond diffus cosmologique, *à la frontière entre les zones violettes et noires du diagramme* ».
Source :(https ://upload.wikimedia.org/wikipedia/commons/thumb/8/84/History_of_the_Universe_crop_fr.svg.png).

En fin de compte, il y a encore deux vitesses qui dépassent toutes les autres. C'est celle du Divin lui-même qui lui permet d'être permanent sur tous les points du cosmos et celle de l'esprit qui agit simultanément plus vite que la pensée. D'où l'adage : « quand on parle du loup, on voit sa queue ». La physique n'a pas accès à ces vitesses.

Chapitre II
Le modèle biblique ou le schéma biblique de la création

Tout d'abord, un modèle est un schéma, une représentation théorique visant à rendre compte d'un processus, des relations existant entre divers éléments d'un système. (Cfr : vinsvignesvignerons.com/Geologie/Une-breve-histoire-de-la-planete-terre).

Pour les scientifiques, le titre de ce Tome devrait être « la cosmogonie selon les modèles bibliques et antiques ». Comme nous l'avons dit, la cosmologie cherche à appréhender l'Univers d'un point de vue scientifique comme l'ensemble de la matière distribuée dans l'espace-temps, alors que, la cosmogonie vise à établir une théorie de la création de l'Univers sur des bases philosophiques ou religieuses.

La restitution scientifique du schéma de la création biblique dans le Modèle Cosmologique Universel fait que celle-ci passe de la cosmogonie à la cosmologie.

Le Modèle Biblique, c'est l'histoire de la création telle que racontée dans la Bible dans les deux premiers chapitres de la Genèse. Ce livre se veut une restitution scientifique de ce modèle, à l'aide du langage actuelle – œuvre d'un humain faillible. Le développement du schéma biblique de la création, tel que restitué et analysé dans ce livre, porte le nom de « Modèle Cosmologique Universel ». Ce schéma n'a jamais attiré l'attention des scientifiques et fait rarement l'objet de sermons. Dans les librairies jusqu'à l'apparition de ce livre, on n'en trouvait aucun qui en développait le thème.

La raison est très simple : le schéma biblique de la création fait partie du domaine scientifico-religieux. Et pour la sonder, en plus de la connaissance biblique, il faut la connaissance des notions préliminaires de la cosmologie et du Principe de la création contenue dans le livre du Principe divin du Rév. Dr. Sun Myung Moon.

Étant la première personne dans l'humanité à s'être forcée d'apprendre ces trois connaissances à la fois jusqu'à l'apparition de ce livre, on comprend pourquoi je suis le premier à aborder ce thème. Et, je suis aussi le premier à avoir résolu les mystères qui se cachaient dans ce schéma, malgré que les recherches encore et continuerons toujours. Moi, je n'ai fait qu'allumer la brèche. C'est pour dire que la compréhension de l'histoire de la Genèse sur la création de l'univers d'une manière scientifique n'était pas aussi facile qu'on la croit, sauf après avoir lu ce livre.

Malgré mes recherches et connaissances, je n'ai pas accédé à une compréhension totale de cette restitution scientifique, et je ne suis pas encore en mesure de l'exprimer parfaitement. Cette considération concerne surtout l'avant Big-bang, car l'après-Big-bang est largement analysé par la science dans plusieurs disciplines. Malheureusement, la science a pris un mauvais départ en faisant du Big-bang le point d'origine de l'univers.

Section 1
Présentation de l'Astrothéologie

Jusque-là, ce sont les astrophysiciens qui nous parlent de l'Univers de l'origine à nos jours. Mais, depuis l'invention du Modèle Cosmologique Universel en 2020, la Bible commence à nous livrer ses secrets sur l'univers d'une manière que ni les astrophysiciens, ni les théologiens ne l'ont jamais entendu. C'est pour dire que si le Modèle Cosmologique Universel est bâti sur le fondement de la cosmologie et de la théologie dans sa branche du Principe de la création du Rév. Dr. Sun Myung Moon. Il n'est ni le prolongement, ni la copie d'aucun modèle scientifique. C'est plutôt la restitution scientifique et actualisée du schéma biblique de la création.

Cette combinaison de la théologie et de la science pour expliquer les origines de l'univers jusqu'à l'homme, donne naissance à une nouvelle discipline que nous appelons l'Astrothéologie ou l'Astronomie & la théologie.

Cette restitution nous révèle beaucoup d'énigmes que la science n'a pas encore découvertes. La plus grande dont j'attends à ce que le monde en parle, c'est la découverte de la description et de l'évolution de la sphère de l'Avant de Big-bang dans la Bible qui, jusque-là demeure encore un mystère pour la science. Cette découverte date de 2020 lors de la publication de mon premier livre, soit 100 ans après le règne de la théorie du big-bang.

Ainsi, le Modèle Cosmologique Universel, qui intègre le modèle des cordes du Physicien Italien Gabriele Veneziano et le modèle standard, car, c'est là où sont déversées toutes les observations et les expérimentations, est le seul modèle qui présente le schéma complet de l'univers par rapport aux autres modèles. Ce schéma complet est restitué dans mes livres que vous pouvez découvrir en tapant mon nom « Flavien PHANZU MWAKA » dans Google ou d'Amazone livre.

Donc, en suivant mes conférences postées dans ma chaîne You tube « Flavien Phanzu Mwaka », les théologiens et les communs de mortel vont bien comprendre l'Univers de l'origine à l'homme tel qu'ils ne l'ont jamais compris auparavant. Quant aux astrophysiciens, ils vont découvrir que le schéma biblique de la création répond aux observations et aux expérimentations, retrouvant ainsi sa place du premier schéma cosmologique, écrit depuis l'antiquité, dans des papyrus, il y a de cela 1 500 ans av. JC.

Nous avons dit, dans l'introduction que pour écrire l'histoire de l'univers de l'origine à l'homme, on doit avoir la connaissance des plusieurs disciplines, allant de la physique quantique à la relativité générale, en passant par les sciences historiques, jusqu'à atterrir dans la théologique.

Actuellement dans l'univers, personne n'a toutes ses connaissances à lui seul. Voilà pourquoi les astrophysiciens ne nous présentent qu'un seul aspect de l'univers basé sur la limitation de leur connaissance.

Le schéma biblique de la création, attribuait à un seul philosophe qui est le prophète Moïse, est le seul schéma qui nous parle de l'Univers de l'origine à l'homme d'une manière graduelle. En lisant mes livres, vous aurez la connaissance du schéma complet de l'univers, qui est aussi inédit pour la science. J'attends à ce que le monde en parle, avais-je dit. C'est pour dire que le Modèle Cosmologique Universel, n'est pas seulement un schéma démonstratif qui vient prouver que les versets du schéma biblique de la création sont fondés, ou que Dieu est le créateur de l'Univers, mais, c'est un schéma cosmologique, même s'il restitue scientifiquement le schéma biblique de la création et non la Bible entière.

La restitution scientifique du schéma biblique de la création m'a pris plus de 10 ans de recherche et il y a encore des versets qui demeurent mystérieux. Tout ce que je publie dans la collection Astrothéologie font partie du Modèle Cosmologique Universel.

En effet, depuis 3 500 ans que ce le schéma biblique de la création a été écrit, je suis le premier à venir le restituer. Ainsi, si vous en développez un de ses thèmes, n'oublie pas d'en indiquer la source, car, pour le moment, je suis le seul qui peut le défendre devant les scientifiques, en attendant que cet enseignement intègre les facultés des théologies.

Quand on découvre un texte antique, Les anthropologues et les exégètes mettent les conjonctions pour le rendre compréhensible. Mais, les textes griffonnaient sur des papyrus ont des significations différentes de ce qu'on lit, car leurs auteurs n'avaient pas assez de mots pour exprimer ce qu'ils voyaient ou ce qu'ils pensaient. D'où ils recouraient parfois aux caricatures.

Section 2
Le Modèle Cosmologique Universel

2.1. Présentation

Nous avons dit que le modèle biblique est le récit de la création, tel qu'écrit dans la Bible. Notre restitution peut être critiquée par n'importe qui, pourvu qu'il ne touche pas au mot « Bible ou modèle biblique ». Pour le respect de ce dernier nom et pour ne pas ternir son caractère sacré. Ça restitution scientifique et qui peut faire l'objet des critiques et jugements, nous l'intitulons le Modèle Cosmologique Universel. Ainsi, en faisant nos commentaires scientifiques de l'histoire de la création biblique, nous entrons directement dans le Modèle Cosmologique Universel.

Le Modèle Cosmologique Universel, c'est la restitution analytique du schéma biblique de la création. Le mot « analytique » est défini en philosophie comme étant une déduction à partir des principes fondés sur l'expérience et l'observation (Dicos encarta). On comprend par-là que cette restitution n'a rien à voir avec un sermon fondé sur la foi. Toutes nos analyses sont appuyées par l'expérience et les observations faites par les savants des différents domaines.

Le Modèle Cosmologique Universel constitue ainsi le point de départ à partir duquel chacun peut faire ses recherches et tirer des commentaires et conclusions. C'est pour dire que personne ni même moi, n'a le monopole d'analyse du Modèle biblique. Ce dernier est l'ensemble de tous les Modèles qui appuient le schéma biblique sur la création de l'univers. J'ai dit que ce qui est contenu dans ce livre et dont je suis le concepteur et l'inventeur a pour nom « Le Modèle Cosmologique Universel ». Tout le monde peut s'en inspirer et s'enrichir à partir de ce modèle.

Ma seule avance par rapport aux analyses qui viendront appuyer le schéma biblique de la création ultérieurement, est celui d'avoir ouvert la porte, et de le faire agréer scientifiquement, même si les arguments sont consignés dans ce simple livre de lecture. C'est ma seule façon d'entrer partout et d'enseigner l'humanité.

Ma grande contribution est aussi celle d'avoir expliqué clairement les mots, les noms et les phrases qui faisaient passer le schéma de la création biblique pour un jeu de magicien avec des phrases comme " Dieu dit, Dieu fit, Dieu créa ".

Ainsi, le Modèle Cosmologique Universel sur lequel seront basées toutes les analyses qui suivront de la part des différents savants et philosophes aura comme base l'énoncé ci-dessous.

2.2. L'énoncé de base du Modèle Cosmologique Universel

L'Univers était informe et vide. Etant donné d'une part une énergie qualifiée de ténèbres par la Bible dans l'abîme, et de l'autre part l'esprit de Dieu ou un vent de Dieu sur la matière originale appelée « eaux », il y eut production d'un rayonnement qualifié de lumière. Du début de l'Univers dans le néant, jusqu'à la production de la première lumière ou rayonnement, c'est la période que la Bible appelle « jour » (premier jour) ; une période qu a duré un temps non quantifiable jusque-là.

*La Bible précisa en outre que cette nouvelle énergie ou ce rayonnement avait un effet sur les ténèbres. Elle est venue la contrecarrer, ainsi que la matière invisible qui était déjà en action sur l'Univers primitif. C'est ce qui est exprimé à travers la phrase »**Dieu sépara la lumière d'avec les ténèbres** ». Et pour montrer que ces deux énergies vont accompagner désormais le destin physique de l'univers, Dieu appela les ténèbres « nuit » et la lumière ou nouveau rayonnement « jour », cela par manque des mots scientifiques appropriés à cette époque-là.*

*La matière originelle ou « eaux » selon le terme biblique, continuant son cycle de réchauffement après la production de la lumière (**que la lumière soit et la lumière fut**), il eut un éclatement, une expansion ou une expulsion dans l'abîme de ce que la science qualifie de « Big-bang » et la Bible de « **séparation des eaux d'avec les eaux** ». Cette période évolutive de réchauffement des matières (eaux) qui va de la production de la lumière ou premier rayonnement, jusqu'au Big-bang, fut qualifiée par la Bible **de deuxième jour**.*

*Et puis vint le **troisième jour et le quatrième jour** qui prirent des millions ou des milliards d'années et qui furent des périodes des formations des astres à partir de la même matière ou eaux selon la Bible.*

*Après vint le **cinquième jour biblique**, c'est l'ère qui vit l'apparition des êtres vivants à commencer par les êtres microscopiques sous-marins jusqu'aux oiseaux.*

*Et, à la fin ou au **sixième jour biblique**, il y eut l'apparition des mammifères jusqu'à la formation de l'homme.* (Ge 1 :1-30 ; Ge 2 :1-7).

Ceci constitue la restitution scientifique des écrits de Moïse datant de 1500 ans av. J.C. *C'est l'énoncé de base du schéma de la création selon le Modèle Cosmologique Universel.*

Telles sont exposées d'une manière inédite pour les astrophysiciens, les cosmologistes, les astronomes, les théologiens, les philosophes et mes autres lecteurs, le Modèle biblique sur lequel devraient être bâtis tous les autres Modèles qui l'appuieront.

2.3. Le fondement de l'énoncé

En effet, les savants ont compris que c'est par les changements des températures qu'ils peuvent comprendre comment l'univers observable est apparu en allant du refroidissement aux fortes chaleurs ou vice versa, sur des particules originelles. Cette élévation des températures fut aussi observée dans la Bible par la phrase « Dieu dit : que la lumière soit ! Et la lumière fut » après la mouvance de l'esprit de Dieu ou un vent de Dieu sur les eaux qui représentent les éléments originels. C'est ainsi qu'ils ont construit le grand collisionneur des Hadrons (LHC) à cheval entre la Suisse et la France, géré par le CERN (European Organization for Nuclear Research).

Dans cet accélérateur, deux faisceaux de particules de haute énergie circulent à une vitesse proche de celle de la lumière avant d'entrer en collision et créer des éléments en émettant une forte lumière et énergie. Par ces procédés, les chercheurs tentent de démystifier l'Univers et de comprendre comment les éléments se sont formés. Les versets de Ge1 : 2-3 "l'esprit de Dieu (énergie) se mouvant au-dessus des eaux (matières originelles), la lumière fut (jaillit)", devint scientifiquement incontestable et fait entrer ce schéma biblique de la cosmogonie à la cosmologie.

2.4. Eléments originels, particules originels, matières originelles

Pourquoi utilisons-nous les expressions : « élément originel », « particule originelle », ou « matière originelle » au lieu de particule élémentaire, ou particule fondamentale ?

En effet, en science on entend par particule élémentaire, ou particule fondamentale, une particule dont on ne connaît pas la composition : on ne sait pas si elle est constituée d'autres particules plus petites.

Etant donné que les particules élémentaires incluent les « fermions fondamentaux » (quarks, leptons, et leurs antiparticules, les antiquarks et les antileptons) qui composent la matière et l'antimatière, ainsi que des bosons (bosons de jauge et boson de Higgs) qui sont des vecteurs de forces et jouent un rôle de médiateur dans les interactions élémentaires entre les fermions, et ne connaissant pas avec précision ce qu'a été la matière d'avant le Big-bang, de laquelle sont issus ces éléments, nous les appelons soit les éléments originels, soit les particules originelles, soit encore les matières originelles, en référence à Dieu qui est l'origine de toutes choses ou l'origine des origines selon la philosophie orientale. Cette référence à Dieu n'a rien avoir avec une croyance tout comme les noms des planètes du système solaire tirent leurs origines de la mythologie Grecque sans que cela soit lié à une croyance à nos jours.

En plus, les particules élémentaires sont les plus petits objets physiques dont sont constituées la matière et les forces de l'univers. Ce sont des paquets d'énergies caractérisées principalement par une masse, et d'autres nombres comme la charge électrique. Elles n'acquièrent ces propriétés qu'à partir des particules originelles, émanant des caractéristiques duales de Dieu.

(Cfr : *Présentation du Principe* divin : éd. Culture et Paix, Paris, 2013, Pp 26-43).

Section 3
Le schéma de la création biblique

3.1. Les étapes de l'évolution de l'Univers selon la Bible

Le schéma de la création biblique est comme la construction d'un édifice. Ici, l'édifice, c'est l'Univers. Et, la branche scientifique qui étudie les origines, les structures et l'évolution de l'Univers, c'est la cosmologie. Voilà pourquoi le schéma biblique de la création est resté comme un édifice abandonné, car les théologiens ne connaissant pas la physique, ne peuvent non plus comprendre les contenus de chaque verset. Tous ceux qu'ils font autour de ce schéma, ce sont des analyses littérales. Et, à la lumière du Modèle Cosmologique Universel, ils remarqueront que leur analyse littérale était erronée.

Il fallait un quelqu'un ayant des notions cosmologiques et théologiques pour que ce schéma soit dévoilé. Cet après avoir été dévoilé que les cosmologistes avec leur grande connaissance de la relativité générale et de la mécanique quantique viendront pour apporter les paramètres, les valeurs et les calculs. Ayant des connaissances préliminaires et théorique de ces disciplines, nous sommes parvenus à restituer une partie de ce schéma et avons baptisé notre restitution du Modèle Cosmologique Universel. Je le soumets aux astrophysiciens pour l'enrichir.

En effet, les versets ci-dessous nous démontre selon la Bible, les différentes phases de l'histoire de l'univers de l'origine jusqu'à la formation de ces structures, confirmés aussi par la science.

1) Ge 1 : **1-2** « *Au commencement, Dieu créa les cieux et la terre* (le cosmos). *La terre* (l'univers) *était informe et vide* ».

2) Ge 1 :2 « Il y avait les ténèbres dans la surface de l'abime (première déformation du tissu de l'espace-temps) dans l'axe de l'univers ».

3) Ge 1 :2 « L'Esprit de Dieu se mouvait au-dessus des eaux (matières originelles avant Big-bang dans l'abîme) »

4) Ge 1 :3 « Dieu dit : « que la lumière soit et la lumière fut » ; (conséquence de L'Esprit de Dieu qui se mouvait au-dessus des eaux ou sur la matière originelle) *(Ge 1 :2)*

5) Ge 1 :4 « Dieu sépara la lumière d'avec les ténèbres »

6) Ge 1 :7 « séparation des eaux d'avec les eaux » ou Big-bang selon la science *(1) et la formation de l'étendue (ciel physique) (2).*

7) Ge 1 :9 « Des eaux du dessous (1), le sec (2) (ou la terre) apparut »

8) Ge 1 :14 « Des eaux du dessus (1), il y eut formation des luminaires (d'autres astres) (2) »

Ge 2 : 4-6 « Voici les origines des cieux et de la terre, quand ils furent créés. Lorsque l'Éternel Dieu fit une terre et des cieux, 5 aucun arbuste des champs n'était encore sur la terre, et aucune herbe des champs ne germait encore : car l'Éternel Dieu n'avait pas fait pleuvoir sur la terre, et il n'y avait point d'homme pour cultiver le sol. 6 Mais une vapeur s'éleva de la terre, et arrosa toute la surface du sol ». (Fin du quatrième jour)

9) Ge 1 : 11 Puis Dieu dit : Que la terre produise de la verdure, de l'herbe portant de la semence, des arbres fruitiers donnant du fruit selon leur espèce et ayant en eux leur semence sur la terre. Et cela fut ainsi.

10) Ge 1 : 20 « Dieu dit : Que les eaux produisent en abondance des animaux vivants, et que des oiseaux volent sur la terre vers l'étendue du ciel ». (Fin du cinquième jour)

11) Ge 1 : 27 « Dieu créa l'homme à son image, il le créa à l'image de Dieu, il créa l'homme et la femme ». (Fin du sixième jour) (2) »

À travers ces versets, nous découvrons que toutes les structures de l'Univers se sont formées à partir de la même matière originelle qualifiée à défaut « eaux » par la Bible. Ils sont actionnés par les mêmes énergies, qualifiées aussi à défaut par les « ténèbres » et « l'esprit de Dieu ». Ce sont ces phénomènes qui font que l'Univers soit isotrope (isotropie) : l'Univers a les mêmes propriétés dans toutes les directions) et homogène (Homogénéité : les lois physiques sont les mêmes en chaque endroit).

Ceci, pour nous dire que l'Univers a bel et bien une origine et un point de départ, décrit par la Bible. C'est ce qui est restitué scientifiquement dans ce livre sous le nom de « Modèle Cosmologique Universel » et qui engloutit le Modèle standard, tout en corrigeant les autres modèles et autres scénarios imaginés par les scientifiques.

En effet, le développement des modèles cosmologiques et leurs déductions ne peuvent trouver leur cause que dans le « Modèle Cosmologique Universel ».

En plus de ses étapes, je recommande à mes lecteurs de suivre les cinq premières minutes du documentaire scientifique « **Hubble vues de l'espace : l'œuvre de la lumière** » sur You tube pour voir comment on est parti de l'origine à la lumière qu'on appellera un jour le rayonnement fossile.

En effet, sans que le réalisateur le sache, ce documentaire retrace le scénario de la réapparition de la lumière 380.000 ans après le Big-bang. Mais, il ne dit rien sur l'apparition de cette lumière à son début. Cette lumière, selon la Bible, est bel et bien apparue avant le Big-bang ou « la séparation des eaux d'avec les eaux ». En fait, ce scénario est semblable à ce qui est décrit dans Ge 1 : 1-3. Lisons :

Ge 1 *: 1 Au commencement, Dieu créa les cieux et la terre. 2 La terre était informe et vide ; il y avait des ténèbres à la surface de l'abîme, et l'Esprit de Dieu se mouvait au-dessus des eaux. 3 Dieu dit : Que la lumière soit ! Et la lumière fut.*

Dans le documentaire précité, **la gravitation** joue le rôle de l'esprit de Dieu ; **les particules élémentaires, le rôle** des « eaux bibliques », la concentration des particules créant l'espace-temps et faisant de l'univers un abîme. Puis vint l'apparition de la **lumière**. Voilà un documentaire qui vient en force pour appuyer le Modèle cosmologique universel.

Pourquoi « en force » ? Parce que c'est un documentaire scientifique qui n'a rien à voir avec ce livre et qui fut conçu en dehors de toute idée de ce qui est écrit dans la Bible. En plus, le réalisateur parle d'un scénario après Big-bang, alors que pour nous, c'est un scénario semblable à ce qui s'est déroulé à l'avant Big-bang jusqu'à l'émergence de la lumière auquel il est écrit : « *Dieu dit : que la lumière soit ! Et la lumière fut* » (Ge 1 : 3).

Nous avons déjà expliqué que la locution « **Dieu dit** » est pour démontrer que cela faisait partie de sa volonté. Mais scientifiquement, ce fut le résultat gravitationnel sur la matière originelle connue bibliquement par la phrase : « *l'Esprit de Dieu se mouvait au-dessus des eaux* » (Ge 1 : 2) comme on peut le voir dans le documentaire ci-haut cité.

3.2. Tableau illustratif sur la cosmologie biblique et scientifique

PÉRIODES BIBLIQUES	VERSETS	CRÉATION	MOTS-CLÉS	SCIENCE
ESPACE-TEMPS	Gn 1 :1	*Au commencement, Dieu créa les cieux et la terre.*	– Cieux (Monde spirituel), – Terre (Monde *physique)	Avant Big-Bang
1er JOUR	Gn 1 :2-3	*2 La terre était informe et vide ; il y avait des ténèbres à la surface de l'abîme, et l'Esprit de Dieu se mouvait au-dessus des eaux. 3 Dieu dit :"Que la lumière soit ! Et l lumière fut"*	– Vide - Ténèbres - Abîmes – Esprit de Dieu – Eaux - Lumières	-Energie du Vide -Particules -Rayons
2e JOUR	Gn 1 :6	*Dieu dit « Qu'il y ait une étendue entre les eaux, et qu'elle sépare les eaux les eaux. »*	– Étendue – Séparation des eaux	– BIG-BANG
3e JOUR	Gn 1 :9-11	*9 Dieu dit : « Que les eaux qui sont au-dessous du ciel se rassemblent en un seul lieu, et que le sec paraisse. Et cela fut ainsi.10 Dieu appela le sec terre, et il appela l'amas des eaux mers.". 11 Puis Dieu dit : "Que la terre produise de la verdure"*	– Mers - Terre - Herbes (Molécules de vie)	- Formation des éléments jusqu'aux galaxies (astres, luminaires et planètes)
4e JOUR	Gn 1 :14	*14 Dieu dit : "Qu'il y ait des luminaires dans l'étendue du ciel, pour séparer le jour d'avec la nuit ; que ce soient des signes pour marquer les époques, les jours et les années ;»*	– Luminaires (Soleil, Étoiles et autres planètes)	
5e JOUR	Gn 1 :20 Gn 2 : 5-6	*20 Dieu dit : "Que les eaux produisent en abondance des animaux vivants, et que des oiseaux volent sur la terre vers l'étendue du ciel. »*	- Êtres marins (Végétaux) - Oiseaux	Êtres marins végétaux, bactéries, Poissons) - Êtres volants
6e JOUR	Gn 1 :24-27 Gn 2 :7 Gn 2 :19 Gn 2 :21-22	*24 Dieu dit : « Que la terre produise des animaux vivants selon leur espèce, du bétail, des reptiles et des animaux terrestres, selon leur espèce. » 26 Puis Dieu dit : :"Faisons l'homme à notre image, 27 Dieu créa l'homme à son image, il le créa à l'image de Dieu, il créa l'homme et la femme"*	- Animaux terrestres - Homme	- Animaux terrestres - Homme

Comme on le voit, ce tableau nous montre les étapes de la création selon la Bible et qui sont aussi conforme selon la science. Les gens disent qu'il y a une anomalie car les plantes sont apparues avant la photosynthèse. En lisant Genèse 2 ; ils remarqueront que la terre a traversé l'ère glaciaire et que toutes les molécules de vie ‘les verdures) étaient emprisonnes. Il a fallu que le Soleil atteigne un niveau où sa chaleur a fait fondre la glace pour que la vie aussi soit libérée. Il faut aussi préciser que cette chaleur a cause l’évaporation de l’eau se trouvant sur la planète mars, l’empêchant ainsi d’être porteur de la vie. Par-là, on voit que la vie végétale et biologique a commencé à apparaitre au cinquième jour ou la cinquième étape de l’Univers car le Soleil ayant acquis sa maturité à la quatrième étape, alors que ces éléments, comme la Terre *étaient tous projeté au même moment. Lisons !*

Ge 1 : 6 Dieu dit : Qu’il y ait une étendue entre les eaux, et qu’elle sépare les eaux d’avec les eaux. 7 Et Dieu fit l’étendue, et il sépara les eaux qui sont au-dessous de l’étendue (où la Terre va se former) d’avec les eaux qui sont au-dessus de l’étendue (où le Soleil se formera).

Ge 2 : 4 Voici les origines des cieux et de la terre, quand ils furent créés. Lorsque l’Éternel Dieu fit une terre et des cieux, 5 aucun arbuste des champs n’était encore sur la terre, et aucune herbe des champs ne germait encore : car l’Éternel Dieu n’avait pas fait pleuvoir sur la terre, et il n’y avait point d’homme pour cultiver le sol. 6 Mais une vapeur s’éleva de la terre, et arrosa toute la surface du sol.

En effet, alors que la Terre s’était déjà formée, le Soleil qui est un million de fois plus grand qu’elle, n’avait pas encore atteint sa maturité selon le Modèle Cosmologique Universel. (Cfr : https://espace-stellaire.com/blogs/blog-espace-astronomie /combien-de-fois-le-soleil-peut-contenir-la-terre).

D’où la Bible a mis la création de la Terre (3e ère) avant le Soleil (4e ère). Mais les deux ont été bibliquement et scientifiquement projeté par une même masse. La maturité du Soleil a marqué la fin de l’ère glaciaire et la Terre a commencé par connaître les évaporations et les pluies. Cette fin de l'ère glaciaire entraînera la formation de la vie à partir des molécules organiques. Pourquoi ? Parce que, selon la science, sans eaux liquides, les molécules ne peuvent s'unir jusqu'à former la vie. Donc, on découvre que le verset biblique ci-dessous respecte effectivement le schéma scientifique :

Ge 2 : **5** *aucun arbuste des champs n'était encore sur la terre, et aucune herbe des champs ne germait encore : car l'Éternel Dieu n'avait pas fait pleuvoir sur la terre, et il n'y avait point d'homme pour cultiver le sol.*

Comme on le voit, le schéma biblique de la création contenu dans les deux premiers chapitres de la Genèse a été écrit par quelqu'un qui n'avait pas toutes ces connaissances scientifiques. Il raconte un récit à partir des visions. Cela a abouti à la vérité, mais une vérité s'exprime aussi en fonction de l'intelligence d'une personne. Quand on était des enfants, on appelait la semence mâle ; le liquide. Mais, ayant acquis l'intelligence et avec les cours de la biologie, on sut que cela, ça s'appelle les spermes. Mais, ce ne pas suffisant, un biologiste fera une distinction entre sperme et spermatozoïde.

Que ça soit le biologiste ou un profane, les deux ont connaissance sur la façon que cela sort de l'individu et comment est sa consistance. C'est les termes pour l'exprimer qui font la différence entre celui qui est du domaine et celui qui est profane. Ainsi, l'auteur du schéma biblique de la création n'utilisait que les mots courants qu'il connaissait. Jour à la place des périodes, eaux à la place d'autres matières.

Donc, l'expression d'une vérité dépend de l'intelligence de la personne qui l'exprime. Quand nous disons que le Modèle Cosmologique Universel restitue le schéma biblique de la création, cela veut dire que nous le restituons dans son contexte actuel à travers nos connaissances basées sur la cosmologie qui est la science qui étudie les origines, les structures et l'évolution de l'Univers au lieu de nous contenter de la littérature antique.

Chapitre III
L'univers et le cosmos

Section 1
Signification de l'univers et du cosmos

1.1. Signification de l'univers

Ge 1 : 2 « *La terre était informe et vide ; il y avait des ténèbres à la surface de l'abîme, et l'Esprit de Dieu se mouvait au-dessus des eaux* ».

L'univers, c'est le nom qui revient tout au long de ce travail. Ainsi, avant de parler du cosmos, nous voulons d'abord expliquer ce mot selon la science.

Dans la littérature, l'utilisation du terme « univers » recouvre plusieurs significations. En effet, en général la cosmologie ne traite pas de l'univers entier. Chaque notion évoquée ne concerne qu'une partie finie de sa totalité. Par l'univers entier, il faut entendre l'univers dans sa globalité. Or, on ne sait si ce dernier est fini ou infini. Dans la cosmologie, on ne tient compte que de l'univers visible qu'on appelle l'univers observable et qui n'est qu'une infime partie de l'univers entier. On n'englobe pas dans cette notion ce qui est encore invisible, le tout, comme nous l'avons dit, formant l'univers entier.

L'Univers observable est la partie d'Univers visible depuis la Terre à travers la lumière des derniers objets qui nous sont parvenus. Il s'écrit souvent avec « U » majuscule. Jusque-là avons-nous dit, la galaxie la plus éloignée de la terre découverte jusqu'ici se nomme GN-z11. D'après le calcul fait par les astrophysiciens lors de sa découverte en mars 2016, sa lumière a voyagé 13,4 milliards d'années avant d'arriver jusqu'à nous. Sa distance réelle est estimée à 32 milliards d'années-lumière de la terre. (Wikipédia : GN-z11).

Actuellement avec les nouvelles images de Telescope James Webb non encore confirmés, GLASS-z13 serait formée environ 300 millions d'années après le Big Bang, soit 100 millions d'années de moins que le précédent record observé". Mais c'est une galaxie qui semble trop massive par rapport à l'âge de l'Univers. Voilà pourquoi elle fait encore l'objet d'étude. (Cfr : https://www.rts.ch/info/sciences-tech/13259091-la-galaxie-la-plus-lointaine-denichee-grace-au-telescope-james-webb.html)

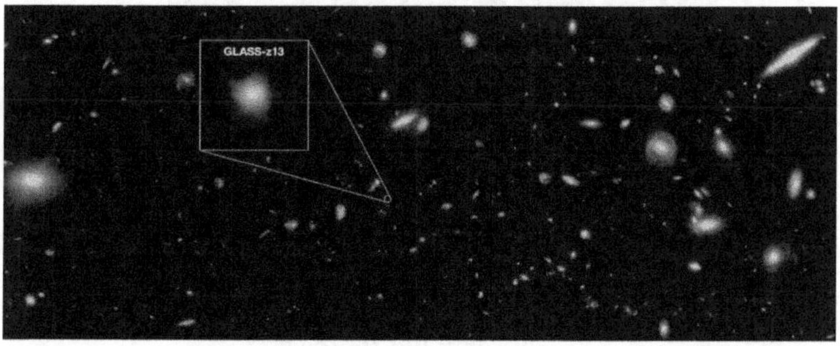

La plus vieille galaxie de l'Univers, GLz-13, a été découverte grâce au télescope spatial James Webb. [Naidu et al. 2022, Castellano et al. 2022/T. True (UCLA) and GLASS-JWST/P. Oesch & G. Brammer (UNIGE & Cosmic Dawn Center, NBI, Uni Copenhagen) - NASA/CSA/ESA/STScl]

La frontière de l'Univers observable se nomme « horizon cosmologique ». Actuellement, on dit qu'il se situe à plus de 46 milliards d'années-lumière. Il s'agit d'une sphère centrée sur la Terre. C'est là où notre vision à travers nos appareils les plus performants, nous permet de voir. Au-delà, ce n'est qu'un noir profond comme le dit la Bible : *« La terre était informe et vide; il y avait des ténèbres à la surface de l'abîme »* (Ge 1 : 1-2).

L'univers regroupe l'ensemble des éléments qui nous entourent. Si son contenu est plus ou moins connu jusqu'à un certain horizon, sa forme et sa taille totale demeurent mystérieuses ou inconnues.

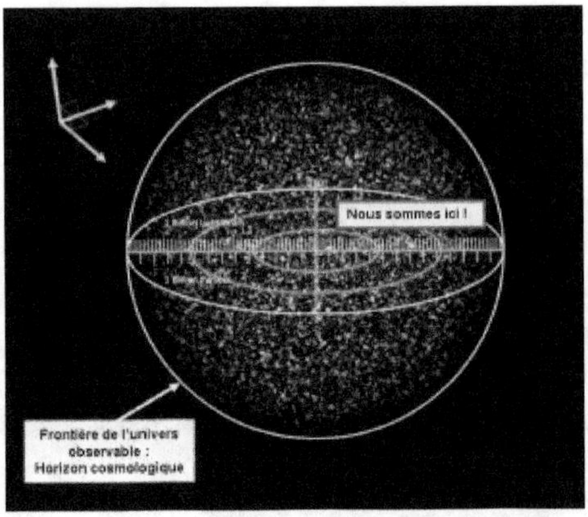

(Cfr :zevengeur.wordpress.com/2012/12/sphc3a8re-dunivers -observable-03.jpg).

Un photon (particule de lumière) parti de cette frontière dans le passé aura voyagé à la vitesse constante de 300.000 km/s, qui est la vitesse de la lumière, 14 Milliards d'années, avant d'arriver jusqu'à nous. Dans ce résultat, les astrophysiciens ont tenu compte de l'expansion de l'univers durant son parcours. C'est comme poursuivre une cible qui vous fuit. Ainsi, selon leurs calculs, la distance réelle parcourue par ce photon aura alors triplé pour atteindre la terre. Cette distance, appelée « distance comobile de l'horizon », pour ce photon sera de 14 milliards d'années multipliées par 3, ce qui donnera environ 42milliards d'années-lumière. *(Cfr :* https ://zevengeur.wordpress.com/2012/12/sphc3a8re-dunivers-observable*).*

Pour chaque objet détecté à longue distance, une « distance comobile » peut être calculée correspondant à la position théorique actuelle du point de départ de sa lumière.

1.2. La signification du Cosmos

Ge 1 : **1** « *Au commencement, Dieu créa les cieux et la terre* ».

Pour la science, le cosmos représente l'univers entier. Pour le Principe de la création, branche du *Principe Divin* du Rév. Dr. Sun Myung Moon qui est le premier religieux savant à empiéter sur ce domaine, et derrière qui nous nous alignons, le cosmos est défini comme étant l'ensemble du monde substantiel visible (univers entier) qui peut être comparé au corps humain ; et du monde substantiel invisible (spirituel), qui peut être comparé à l'esprit humain.
(Cfr. Principe divin, niveau 4, p.35).

1.2.1 La différence entre les concepts scientifiques et théologiques du cosmos

Le Cosmos, comme expliqué dans le Principe de la création, branche du Principe divin, englobe tous les concepts d'univers tel qu'expliqué par la science, en y intégrant le monde spirituel, accepté par la religion, mais exclu par la science.

L'introduction d'une sphère spirituelle, qui s'ajoute dans le Principe de la création, même si certains n'y croient pas, est connue ; c'est ce qui relève du domaine de l'esprit et de la religion connue sous le nom du monde spirituel on parle de l'enfer, du paradis et du Royaume des cieux, qualifié souvent du monde angélique.

Ainsi, le concept du cosmos selon le Principe de la création ; branche du Principe divin du Rév. Dr. Moon répond au verset Biblique « Dieu créa les cieux et la terre ». Les cieux représentant la sphère spirituelle et la terre la sphère physique. Il ne s'agit pas de notre planète terre dans ce verset. Bibliquement, notre planète Terre faisant partie du premier jour biblique n'a été créée que le troisième jour (Ge 1 :10). Ici, on parle d'une terre qui était au départ « informe et vide » signifiant l'univers.

Du point de vue scientifique, nous pouvons appeler le Monde spirituel, nom que les scientifiques n'aiment pas, « l'univers sujet » ou « l'univers de la cause ». Tandis que le Monde physique, nous pouvons l'appeler « l'univers objet » ou « l'univers des effets ».

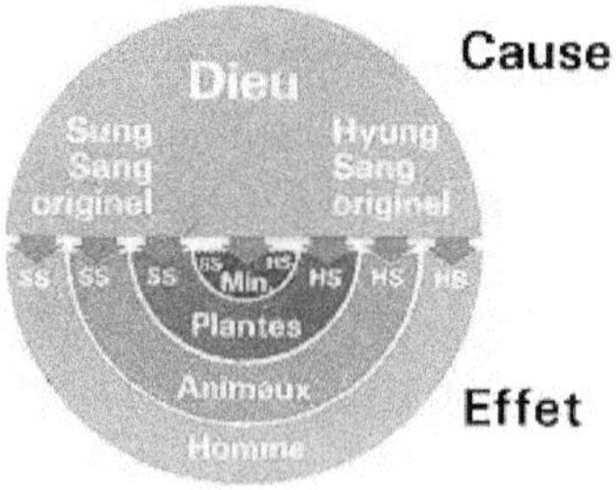

Source : *Le Principe divin*, niveau 4, p19.

Section 2
L'habitat de Dieu

Es 40 :22 « Dieu habite au-dessus du cercle de la terre. »

Le dessus du cercle de la terre, c'est ce que nous appelons le Ciel. Ainsi, il nous est très important de comprendre ce que ce mot représente.

2.1. Le Ciel dans le cosmos

Gen 1 : » Au commencement, Dieu créa les cieux… »

Où se trouve le Ciel, dans quelle planète, dans quel monde et dans quelle sphère ? Malgré l'abondance de la littérature religieuse, personne ne s'est préoccupé de répondre à cette question ou de l'expliquer par écrit. D'où l'importance de ce livre pour tous ceux qui se disent croyants et en particulier les théologiens.

Es 66 : 1*Ainsi parle l'Éternel : Le ciel est mon trône, et la terre mon marchepied. Quelle maison pourriez-vous me bâtir, et quel lieu me donneriez-vous pour demeure ?*

Les croyants disent que Dieu et les anges se trouvent au Ciel. Mais si on leur pose la question de savoir où se trouve ce Ciel, chacun se contente de soulever sa tête. C'est de la pure ignorance.

En soulevant la tête soi-disant en direction du Ciel, nous indiquons le Ciel géographique ou physique qui est différent du langage biblique ou du Ciel biblique. D'ailleurs, l'emplacement géographique du Ciel dépend aussi de l'endroit où l'on se trouve. Une fois qu'on est à quelques milliers de pieds de la terre selon le terme aéronautique, le ciel géographique disparaît et laisse la place à un Ciel qui vous enveloppe comme une bulle de cristal. Même pour voir les nuages quand on est très haut dans les airs, disons dans un avion, on regarde vers le bas.

En plus, quand on est dans certains endroits de l'univers, en regardant en haut, on y découvre qu'un espace sombre. Par-là, on comprend que le Ciel géographique est une notion abstraite. Le seul vrai nom du Ciel géographique, c'est l'espace.

Nos engins volent soit dans les airs, soit dans l'espace. Le mot Ciel est purement religieux. La science et la littérature l'empruntent sans que cela réponde à une vraie définition. Ce que nous voyons et que nous qualifions de Ciel bleu n'est qu'une limitation de notre vue ou une réflexion panoramique de l'univers créé par les rayons solaires, en traversant l'atmosphère et d'autres phénomènes connus des scientifiques.

Le célèbre astronaute russe Youri Gagarine a dit : « J'ai sillonné le Ciel, mais je n'ai pas vu Dieu », confirmant que Dieu ne se trouve pas dans ce ciel qu'on voit. À ce jour, Youri Gagarine est en train de sillonner le vrai Ciel. Auparavant, il n'avait fait que sillonner l'espace. Et, dans l'espace, on ne peut voir ni les anges, ni Dieu.

Alors, où se trouve le vrai Ciel ou le monde spirituel qui est aussi le siège saint de Dieu ? Lisons les versets suivants :

Ge 1.1 « *Au commencement, Dieu créa les cieux et la terre »*.2 La *terre était informe et vide : il y avait des ténèbres à la surface de l'abîme et l'esprit de Dieu se mouvait au-dessus des eaux.*

Ge 1 :6*Dieu dit :"Qu'il y ait une* **étendue** *entre les eaux, et qu'elle sépare les eaux d'avec les eaux.*7 *Et Dieu fit l'***étendue**, *et il* **sépara** *les eaux qui sont au-dessous de l'***étendue** *d'avec les eaux qui sont au-dessus de l'***étendue**.

Et cela fut ainsi. **8 Dieu appela l'étendue ciel**. *Ainsi, il y eut un soir, et il y eut un matin : ce fut le second jour.*

Dans le verset 2 ci-dessus, on nous dit qu'avant le Big-bang (la séparation des eaux d'avec les eaux), l'esprit de Dieu qui est un attribut de Dieu, se mouvait dans l'eau qui était la représentation des particules originelles.

À partir du verset 6 de la Genèse, Dieu sépara cette eau ; c'est le Big-bang : "qu'il y ait une étendue entre les eaux " et " Dieu appela l'**étendue** Ciel ".

Dès maintenant, nous avons une définition claire du Ciel. C'est l'étendue ou l'espace vide qui sépare tout et qui englobe tout. Cet espace vide commence même là où je pose mes pieds. Cet espace vide dont on ne connaît ni le début ni la fin. Cet espace qui englobe tout l'Univers observable et non observable contenu dans le cosmos. Nous pouvons dire que l'espace géographique, c'est la partie visible du ciel. D'où, on peut aussi le qualifier du ciel, mais, ce n'est qu'un contenu.

En disant que Dieu se trouve au Ciel, il est dans cet espace vide qualifié d'étendue par la Bible, qui nous permet de nous mouvoir tout comme les galaxies et nous englobe. D'où le fameux dicton " Dieu est partout ". Ceci est confirmé par les paroles suivantes de Jésus-Christ :

Mt 5 :34 « Mais, *moi je vous dis de ne jurer aucunement, ni par le* **Ciel**, *parce que c'est le trône de Dieu ».*

Mt 6 *:* **9** *« Voici donc comment vous devez prier : Notre Père qui est aux* **cieux** *! Que ton nom soit sanctifié ».*

Ainsi, dans le projet d'implantation d'une cité à la planète Mars ou dans d'autres endroits de l'univers qu'on n'oublie jamais l'implantation d'une chapelle pour Dieu ; qui nous voit dans l'invisible.

C'est la raison qui explique aussi que la majorité des personnes qui prie, préfère fermer les yeux. C'est une façon d'oublier le monde matériel ou la distraction que peut vous créer le monde visible, pour se retrouver plongé dans ce vide qui est le Ciel, l'habitat de Dieu. Et, nous sommes tous contenus dans cet habitat. C'est comme nous pouvons le lire dans ce verset :

Jn 4 : 24 « *Dieu est Esprit, et il faut que ceux qui l'adorent, l'adorent en esprit et en vérité* ».

Vue du ciel à partir de la lune

Sur la Lune, on voit la terre en train de baigner dans le firmament sous un ciel sombre. Donc, avec la notion du ciel géographique et physique, une personne habitant la lune ne peut jamais prier « Notre père qui est au Ciel » sans qu'on puisse lui expliquer la signification spirituelle du mot Ciel, car le contexte physique n'y répond pas. (Flavien PHANZU MWAKA)

N'y été aussi les gaz atmosphériques couvrant la terre, que ça soit le jour ou la nuit, le ciel nous paraîtra sous cette forme. Donc, le Ciel biblique représente un espace spirituel englobant l'espace physique.

L'aspect le plus important pour Dieu, ce n'est pas Sa Grandeur ou son omniprésence, mais son cœur. C'est ce cœur-là qu'on cherche à atteindre quand on prie. Ainsi rien ne sert pendant la prière d'élever les yeux ou la tête vers le haut et de crier à haute voix pour être attendue de Dieu.

Mt 6 : 6 « *Mais quand tu pries, entre dans ta chambre, ferme ta porte, et prie ton Père qui est là dans le lieu secret (espace vide) ; et ton Père, qui voit dans le secret, te le rendra* »

Ainsi, après avoir sondé la sphère céleste qui est l'habitat de Dieu, mais tout en résidant spirituellement dans nos cœurs depuis que Jésus-Christ nous a rachetés, et physiquement dans l'espace vide qui nous environne, Lui qui est la source de toutes choses, nous passons maintenant à la création physique de l'univers selon le schéma de la Genèse de la Bible telle que restituée dans le Modèle Cosmologique Universel.

2.2. La création du cosmos

L'idée que l'univers a bel et bien eu un commencement n'échappe pas aux savants. Cela commence même à entrer dans les explications scientifiques, dont le fameux « principe anthropique » ; principe selon lequel les paramètres physiques originels de l'univers ont été très finement réglés afin de rendre possibles la vie et la conscience sur au moins une planète. (Cfr : Wikipédia ; Multivers). Pour nous, cela est l'œuvre de Dieu, mais pour la majorité des savants, c'est « le hasard de la nature ».

Mais cela prédit quand même qu'il a eu un commencement pour que les paramètres se retrouvent mathématiquement réglés quelques part.

Le principe anthropique dans sa formulation scientifique est attribué à **Brandon Carter** dont les idées sont confirmées dans les Principes de la Création, branche du Principe divin du Rév. Dr. SUN MYUNG MOON, même s'il n'a pas désigné directement Dieu comme étant l'auteur de ce règlement de l'univers.

Ge 1 :1 « *Au commencement Dieu créa le cosmos (les cieux et la terre)* ».

(Ceci est un verset par défaut, mais constitue aussi le titre du premier chapitre de la Genèse).

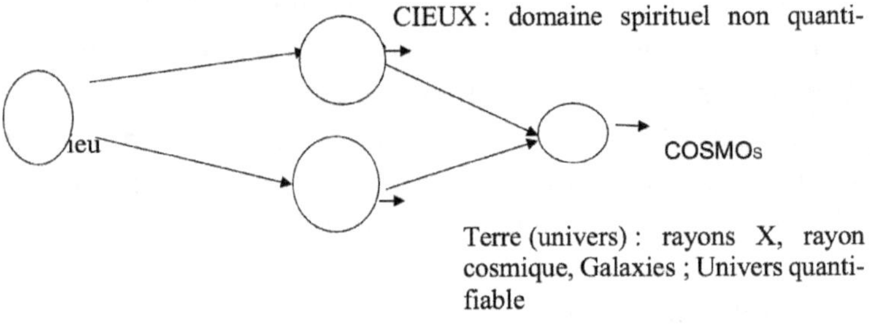

Ge 1 : **2** *La terre était informe et vide* : quelque chose qui existe, mais que l'on ne peut palper ; par conséquent sans forme, c'est-à-dire l'Univers primitif.

Le cosmos, nous l'avons dit selon le Modèle Cosmologique Universel, qui s'aligne au Principe de la création du Rév. Dr. Sun Myung Moon, représente le monde invisible (spirituel) et visible (Univers) dont la Bible parle (la création du Ciel et de la terre). Comme écrit précédemment, la séparation de deux noms dans le schéma de la création biblique par la conjonction (et), voire par la virgule (,), signifie qu'ils n'ont pas été créés simultanément.

Cette séparation, nous l'avons dit, peut-être une durée des milliers, voire des millions ou des milliards d'années. Ainsi en parlant de la création du Ciel et de la terre, ce dernier signifiant l'univers, nous voyons que le monde invisible (ou monde angélique, ou monde des esprits) a précédé la création de l'univers représenté par la terre dans la Bible.

Le Principe divin du couple Moon qualifie l'univers comme étant l'aspect visible du Dieu invisible.

L'Univers visible contient dans son espace vide, les galaxies. Les galaxies contiennent les étoiles, les planètes, les exoplanètes et d'autres corps sillonnant dans le vide comme les astéroïdes, les comètes et les météorites. Les planètes contiennent les continents et l'eau sous divers forme comme la planète terre. Les continents de la terre contiennent les pays.

2.3. Récapitulatif

À partir de ce livre, les encyclopédies vont devoir modifier leur définition du cosmos

1) Cosmos

Gé 1 :1 Au commencement
Dieu créa les cieux et la terre

-Monde spirituel (Cieux) -Monde physique (terre)

2) Monde spirituel : cieux

- Royaume des cieux - Paradis - Enfer

3) Monde physique

Gé 1 :2 Une terre informe et vide

Univers

4) univers

Espace, matières noires, énergie noire, Galaxies

2) Galaxies

- Etoiles
- Planètes
- Exoplanètes
- Autres corps celestes

3) Planètes et exoplanètes

- Continents
- Eaux
- Gaz

À partir de ce livre, les encyclopédies vont devoir modifier leur définition du cosmos.

Le cosmos comprend la sphère spirituelle (monde spirituel) et la sphère physique (Univers). L'homme ayant en lui les deux sphères ; l'esprit et le corps, est un microcosme du cosmos.

L'univers contient l'espace (appelé parfois le ciel), les galaxies, l'énergie noire et la matière noire (qui est encore discutable).

Les galaxies contiennent les étoiles, les planètes, les exoplanètes et d'autres corps sillonnant dans le vide comme les astéroïdes, les comètes et les météorites. Notre galaxie a pour nom la Voie Lactée où on retrouve tous les corps mentionnaient ci-dessus.

Les planètes contiennent les continents, les minéraux, les gaz et les eaux sous divers forme comme dans la planète Terre.

Les continents de la planète Terre contiennent les pays

et les eaux et les gaz

Le Principe divin du couple Moon qualifie l'univers comme étant l'aspect visible du Dieu invisible.

Chapitre IV
L'Avant Big-bang

Pour les scientifiques, l'avant « Big-bang » (ou l'avant « séparation des eaux d'avec les eaux » par la Bible) est un domaine auquel aucun théoricien ne peut s'aventurer, car, disent-ils, les lois de la physique n'y répondent plus. En d'autres termes, pour la science physique, l'avant Big-bang n'existe même pas, car le temps était égal à l'espace. Ils ont raison dans la mesure où pour les religieux aussi c'est une barrière que l'on ne peut franchir. Donc, parler sur les origines de l'Univers, cela faisait partie du domaine réservé à Dieu ou au Christ.

Il s'avère qu'après une lecture minutieuse de l'histoire du schéma de la création biblique (ou la première histoire cosmologique écrit sur des papyrus), nous avons découvert que cette sphère mystérieuse, tant pour la science que la religion, qu'on appelle l'univers d'avant Big-bang, est relatée au premier jour et, ce fut une période très mouvementée. En d'autres termes, ce fut une période qui a bel et bien existé. Lisons :

Ge 1 :*2-3 « La terre était informe et vide : il y avait des ténèbres à la surface de l'abîme, et l'esprit de Dieu se mouvait au-dessus des eaux. Dieu dit : que la lumière soit ! Et la lumière fut...* **Ce fut le premier jour** ».

Avant d'entrer dans les détails, résumons d'abord scientifiquement ce schéma :

Selon la Bible, l'Univers a commencé comme un vide connu sous les termes « la terre était informe et vide ». Ce fut au début un abime ténébreux qualifié par les termes « il y avait les ténèbres dans la surface de l'abîme ». Dans ce vide quantique, il y eut l'énergie du vide désigné par «

l'esprit de Dieu » qui contracté ou fusionné les particules représentées par le terme « eaux ». Cette contraction et condensation chauffa davantage l'univers, créant des chocs électriques, finirent par faire jaillir la première lumière de l'Univers qualifiée par la phrase « Dieu dit que la lumière soit et la lumière fut ! »

Cette contraction finit par condensé l'univers à l'extrême si bien que cette lumière ne pouvait plus s'échapper. Elle ne se libérera de nouveau que 380.000 ans après le big-bang connu bibliquement par les termes « la séparation des eaux d'avec les eaux » » et la science la baptisa de rayonnement fossile.

Etant donné qu'à ces jours aucune source ne démontre d'où vient ce rayonnement, on le qualifia du fonds diffus cosmologique. Diffus ; parce qu'il ne provient pas d'une ou plusieurs sources localisées, et de cosmologique parce que, selon l'interprétation qu'on en fait, il est présent dans tout l'Univers (le cosmos). Je suis le premier à travers le Modèle Cosmologique Universel, à prédire cette source du rayonnement fossile.

Par rapport à d'autres rayonnements, Le fond diffus cosmologique diffuse un rayonnement électromagnétique alors que les autres rayonnements cosmiques sont constitués de noyaux atomiques et de particules de haute énergie.

En plus, « *on y observe des structures appelées oscillations acoustiques des baryons : c'est la preuve de l'existence des photons avant 380 000 ans selon Jean-Christophe Hamilton, chercheur en cosmologie observationnelle au CNRS* ». (Cfr : Magazine epsilon, hors-série n° 5/2022).

Certains cosmologues ont dit que le rayonnement fossile devrait avoir des traces de l'Avant Big-bang sans exhiber des preuves. Je suis le premier à exhiber ces deux preuves observationnelles comme étant un rayonnement qui était apparu d'abord dans l'Avant Big-bang au moment où le noyau atomique n'était pas encore formé.

Cette petite distinction entre les rayons émis par le rayonnement fossile et les autres rayonnements démontrent que l'avant Big-bang fut une sphère énergétique. Cela détruit toutes les théories parlant des univers cycliques ou que notre univers est issu d'autres univers ou provient d'une étoile effondrée. Elle démontre aussi le fondement du Modèle cosmologique Universel à savoir :

– L'univers a commencé dans le vide ; un vide sombre et ténébreux forma un abime ; (Ge 1 :1-2)

– La contraction de particule sans qu'on aboutisse à la formation des atomes a fini par faire jaillir la lumière ; (Et, la lumière fut ! Ge 1 :3)

– L'univers étant contracté à l'extrême, même la lumière ne put s'échapper ; (Ge 1 :6)

– Après, il eut rebond ou big-bang ou séparation des eaux d'avec les eaux : (Ge 1 :7)

– 380 000 ans plus tard, avec l'expansion de l'Univers, ce rayonnement put de nouveau s'échapper et connut à ces jours sous le nom du rayonnement fossile.

Tel est le résumé de ce livre « avant big-bang à la lumière ». A présent, nous allons les relatés en détail.

Section 1
Le Fondement du mot Big-bang ou grand Boum ! ! !

1.1. Signification du terme Big-bang

Avant de parler de l'avant Big-bang, nous voulons d'abord expliquer ce qu'on entend par le terme Big-bang en nous référant à l'image ci-dessous :

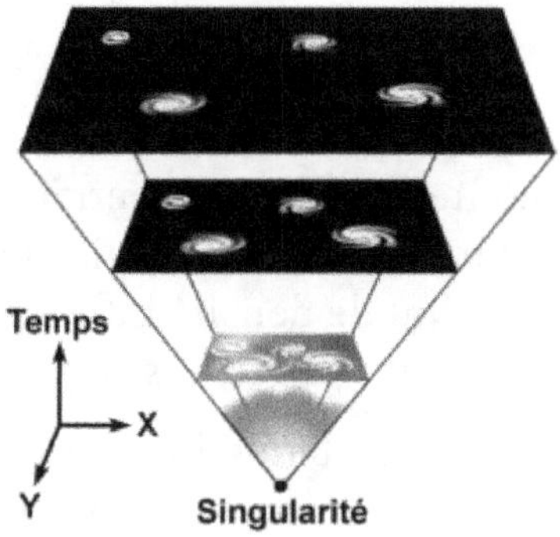

http ://www.techno-science.net/ ?onglet=glossaire& definition=2813

Dans ce schéma, on nous montre que l'univers au début n'était qu'une boule à la dimension d'un atome et qui aurait éclaté en faisant un grand bruit dénommé à ces jours Big-bang.

Certains astrophysiciens parlent plutôt d'une expansion et non d'un éclatement. Ce point de départ est considéré comme étant une singularité.

En mathématiques, une **singularité** est un point où un objet mathématique qui n'est pas bien défini.

En faisant du Big-bang une singularité, les savants se sont construit un mur pour ne pas rencontrer Dieu ; c'est le Mur de Planck. Pourtant le Big-bang a eu lieu au second jour de la création, selon le récit biblique. Si l'on se passait de Dieu, cela nous conduirait à des multivers, soit des univers sans but.

En se basant sur diverses observations que nous allons décrire dans les chapitres qui suivent, les scientifiques affirment avec une quasi-certitude que l'Univers est bien né à un instant 0, qu'on appelle Big-bang, ou singularité initiale !

Cette singularité initiale est représentée par un « point » sans dimension, contenant toute l'énergie de l'Univers. Un point où toute la matière et l'énergie de l'univers sont condensées dans un état de densité infinie, ainsi que toutes les dimensions d'espace et de temps.

Selon le modèle du Big-bang, l'univers actuel a émergé d'un état extrêmement dense et chaud il y a environ 13 milliards et demi d'années.

Dans le Documentaire scientifique : **« L'UNIVERS, A-T-IL JAMAIS COMMENCE ? »** conférence D'ÉTIENNE KLEIN sur Science & You, le scientifique, avons-nous dit, se méfie de la singularité du Big-bang qu'il considère comme une étape transitoire, et démontre que l'étude sur l'avant Big-bang ne peut pas être considérée comme métaphysique, mais physique.

1.2. L'Avant Big-bang et la contraction des eaux bibliques

L'avant Big-bang est la période qui a précédé le Big-bang. Pour la science, officiellement, cette période n'existe pas et son étude relève de la métaphysique, c'est-à-dire une science au-delà de la physique. Dans le Modèle Cosmologique Universel par contre, qui fait la restitution scientifique du schéma biblique sur la création, cette période a bel et bien existé et était caractérisée par des phénomènes physiques réels.

Ces phénomènes, nous les avons découverts dans le premier modèle cosmologique en provenance de l'antiquité, contenu dans la Bible. Lisons :

Ge 1 :*2-3 « La terre était informe et vide : il y avait des ténèbres à la surface de l'abîme, et l'esprit de Dieu se mouvait au-dessus des eaux. Dieu dit : Que la lumière soit ! Et la lumière fut...***Ce fut le premier jour** ».

Dans ces versets, Moïse décrit les grandes étapes de l'état de l'univers d'avant Big-bang. Cette grande période non quantifiable s'est achevée lors de l'apparition de la première lumière. Moïse l'a qualifiée de premier jour ; ce qui n'a rien à voir avec le temps de nos journées ordinaires. Nous avons déjà expliqué la notion des temps bibliques dans l'introduction.

Quoique toutes ces phrases soient contenues dans peu de versets, la succession des événements montre que ce sont des phénomènes qui n'ont pas lieu au même moment. Il y a tout d'abord une « *terre informe et vide* » signifiant l'Univers au début où il n'y avait rien. Puis, on nous signale la présence des ténèbres à la surface de l'abîme. Enfin, intervient l'esprit de Dieu qui se mouvait au-dessus des eaux, qui aboutira à l'apparition de la lumière. On comprend que dans ce contexte, le mot jour signifie tout simplement une période non quantifiable caractérisée par l'accomplissement des phénomènes cités dans les versets ci-dessus.

Entre un Univers vide et l'apparition de l'eau, nom utilisé pour décrire les premiers éléments originels, nous voyons qu'il y a eu une succession de phénomènes physiques. Ce livre dévoile scientifiquement d'une manière littérale, ce que cache cette thèse pour la prise en compte par la science du schéma biblique de la création, restitué dans ce livre sous l'appellation du Modèle Cosmologique Universel.

Selon les savants, étant donné la complexité des matières qu'on retrouve presque partout dans l'Univers, il est admis à ces jours qu'il était constitué au départ d'une masse qui s'est explosée après, en émettant un grand écho surnommé Big-bang. Nous avons dit que certains savants nient l'existence de cet écho, quand bien même ils sont d'accord avec le phénomène. Ce qui est important c'est le phénomène. J'ai découvert que le même phénomène est décrit bibliquement par la phrase « **séparation des eaux par les eaux** » (Ge 1 : 6).

Étant le premier à le découvrir dans la Bible, je me suis résolu de développer ce concept dans le Modèle Cosmologique Universel. Personne ne s'attendait à ce qu'un jour le Big-bang soit biblique ou reconnut bibliquement. Certains savants l'exhibaient même comme preuve que l'univers n'a pas été créé par Dieu. Si les savants du 20e siècle savaient que le Big-bang était biblique, ils auraient développé beaucoup de théories pour le contredire. Mais actuellement, comme eux-mêmes ont découvert les principales preuves, le Modèle Cosmologique Universel vient seulement le révéler et le confirmer, et ils ne peuvent plus faire marche arrière.

Ainsi, on parle de l'avant Big-bang en science, pour désigner la période précédant l'apparition de L'Univers observable ; et de l'après Big-bang, la période qui a suivi le Big-bang, jusqu'à ces jours. Ces mises au point sont faites pour mes lecteurs qui n'ont jamais ouvert un livre de cosmologie, l'assimilant aux manuels athées, en se contentant de ce qui est écrit littéralement dans la Bible. Ce n'est pas de leur faute, dans la mesure où comme nous l'avons dit, les savants brandissaient le Big-bang pour écarter Dieu, en tant que Créateur.

En effet, pour les savants, le Big-bang constitue une singularité, c'est-à-dire le début de toutes choses démontrables physiquement. Mais, pour le Modèle Cosmologique Universel, le Big-bang fut une étape transitoire. Ce livre restitue seulement d'une manière scientifique le schéma biblique de la création, un schéma issu des papyrus, et partir duquel chacun peut tirer son point de vue sur le Créateur de l'univers.

De mon côté ou de mon point de vue personnel, les découvertes scientifiques attestant la véracité de la Bible, telles que ressorties dans ce livre, m'ont prouvé que c'est Dieu qui est le Créateur du Cosmos ; un point de vue que je n'impose à personne. Si quelqu'un découvre avec les résultats de mes recherches que réellement Dieu est le Créateur de l'univers, alors que Dieu seul soit glorifié.

Ce fut le physicien américain d'origine russe George Gamow qui, le premier, a mis en place la théorie physique du Big-bang dans les années 1940 et qui s'articule ainsi :

« *Le Big-bang est le nom de la théorie cosmologique officielle, qui tente d'expliquer la formation et l'évolution de l'Univers. Cette théorie suppose que* **toute la matière (ou toute l'énergie) de l'Univers s'est trouvée rassemblée à un instant donné** *; à ce moment-là, il s'est produit une* *explosion phénoménale qui a donné naissance à l'Univers »*[1]

Étant donné que cette théorie scientifique du Big-bang sur l'origine de l'Univers visible est proche du schéma biblique de la création, notamment au second jour biblique où on parle de la « séparation des eaux d'avec les eaux », nous adoptons ce terme dans ce livre, pour une harmonisation de langage avec la science. Pour nous harmoniser aussi sur la période, nous considérons l'avant Big-bang comme la période moins un de l'univers, le Big-bang étant l'instant zéro. La Bible utilise la phrase « sépara les eaux », tandis que la science utilise le mot « Big-bang » qui symbolisait selon l'ancienne concept, l'éclat et le bruit que cette séparation avait produit.

En parlant de l'instant zéro de l'univers, cela ne veut pas dire que l'espace-temps a commencé par-là, comme nous font croire aujourd'hui la majorité des astrophysiciens. L'instant zéro représente pour nous un nouvel ordre d'espace-temps dont le zéro constitue l'étape intermédiaire comme le confirme le physicien Français Claude Sarrailh :

« Ce qu'il faut comprendre c'est que dans le monde réel le zéro n'existe pas, c'est une invention humaine des mathématiques qui détermine un instant de départ. En réalité le zéro est comme tous les états, c'est-à-dire intermédiaire ». (Cfr : Claude Sarrailh, Le secret de la vie, éd. Librinova, Paris, 2018, P.124).

Pour l'astrophysicien Michio Kaku dans le documentaire scientifique « **Au-delà du Big-bang** », le Big-bang est une erreur d'appellation parce qu'il n'y a pas eu ni Big à cause de la condensation de l'Univers qui était devenu si petit et non plus le son « bang », parce qu'il n'y avait pas d'air pour transmettre les vibrations.

1. "Big-bang, théorie du." Microsoft® Encarta® 2009 [DVD]. Microsoft Corporation, 2008.

En effet, pour circuler, le son a besoin d'un support. Il ne se déplace qu'à travers des molécules capables de se déplacer. Ces molécules se trouvent dans l'air qui nous entoure. Le son se propage en formant une onde dont chacune des molécules que son énergie rencontre en frappe une autre. Or, dans l'espace, le son ne peut ni se propager ni être entendu, car il n'y a pas de molécules d'air. L'espace étant vide, le son ne peut rien percuter pour se propager.

(Cfr : P. Batchelor : L'énergie, le son et la lumière, éd. Nouveaux Horizons – ARS, Paris, 2016).

À travers ces mises au point, nous voyons que les vrais termes sont ceux que Moïse a utilisés dans la Bible, à savoir, « séparation et étendue », que les savants ont remplacés par « l'expansion » ; terme utilisé par le savant belge l'abbé Lemaître, qui ne voulait pas que son langage soit biblique. Et, cela après que P. HUBBLE eut constaté que les galaxies s'éloignaient les unes des autres.

Pour la science, c'est le Big-bang qui marque le début de l'univers observable, c'est-à-dire l'éclatement qui a conduit à la formation de l'Univers actuel. Ce point cadre avec ce que Moïse a dit dans la Bible dans le verset suivant :

Ge 1 :6-7 : *Dieu dit : Qu'il y ait une étendue entre les eaux, et qu'elle sépare les eaux d'avec les eaux. Et Dieu fit l'étendue, et* **il sépara** *les eaux qui sont au-***dessous** *de l'étendue d'avec les eaux qui sont* **au-dessus** *de l'étendue. Et cela fut ainsi. Ce fut le second jour.*

Ces versets nous viennent, comme nous l'avons dit, des papyrus écrits aux environs de l'an 1.500 av. J.-C. et 3.500 ans avant la science contemporaine ; c'est ce que tous les scientifiques oublient et veulent les confronter au langage scientifique actuel. À la place de les confronter, nous, nous les restituons au langage scientifique actuel.

Ainsi, l'avant Big-bang représente la période qui a existé avant cet éclatement « des séparations des eaux d'avec les eaux » bibliques. Actuellement, les savants n'arrivent pas à percer le mystère d'avant Big-bang et ils s'abstiennent même d'avancer des théories pour éviter les critiques. D'autres ont essayé de parler, mais, ils se sont embrouillés dans leur propre théorie.

En effet, pour les savants, avant la publication de ce livre, le Big-bang était une limite absolue à la compréhension du début de l'univers, car, au-delà, les lois de la physique ne sont plus valables ni même les concepts les plus élémentaires d'espace et de temps.

En d'autres termes aucun homme selon les savants, n'a le droit de spéculer sur la création de l'Univers avant le Big-bang. Le même point de vue était de rigueur aussi à la religion. Était de rigueur parce que pour le moment ce livre vient de briser le silence. Ainsi, nous allons voir à travers ce livre, comment Moïse était allé au-delà de ces raisonnements. Et, ce livre est le premier à en développer les mystères pour la science et les paraboles pour la religion.

Ainsi, avec le Modèle Cosmologique Universel, dévoilant les contenus de grande masse de l'Univers avant le Big-bang, les savants vont de nouveau faire reculer le temps, en étudiant davantage le rayonnement fossile qui serait le premier rayonnement qui a apparu avant le Big-bang, qualifié de « lumière » par Moïse.

Les particules de ces rayonnements fossiles, selon la science, ont une importance particulière pour les physiciens, parce que, très probablement, elles constituent la clé des futures découvertes sur la nature de la matière. (*Cfr : Damian Grint, les mystères de l'univers, éd. Christophe Colomb, P.205, Paris, 1985*).

L'étude du rayonnement fossile devrait aussi nous apporter des informations sur l'énergie noire, la matière noire et la matière originelle. Cette pensée va de pair avec la reconstitution de l'histoire de l'Univers après le Big-bang par les savants, qui envisagent de la faire avec le rayonnement émis par les étoiles comme nous pouvons le lire :

« *Reconstituer l'histoire de l'Univers est l'un des objectifs principaux des cosmologistes et des astrophysiciens. L'étude de la dynamique des étoiles, et notamment de leur rayonnement, est une étape essentielle dans la poursuite de cet objectif* ».

(Cfr : trustmyscience.com/telescope-fermi-retrace-histoire-rayonnement-stellaire-dans-univers/par Thomas Boisson, 30/11/2018).

Les Versets des savants, en dévoilant le concept biblique d'avant Big-bang, enlèvent la pierre qui barrait la route aux savants.

Section 2
Les premières énergies

2.1. L'Énergie Première Universelle

Ge 1 :**2** « *La terre était informe et vide : il y avait des ténèbres à la surface de l'abîme, et* **l'esprit de Dieu** *se mouvait au-dessus des eaux.* **3** *Dieu dit : Que la lumière soit ! Et la lumière fut.* (Louis SEGOND). »

Ge 1 :2 « *Or la terre était vide et vague, les ténèbres couvraient l'abîme,* **un vent de Dieu** *tournoyait sur les eaux. 3 Dieu dit : que la lumière soit et la lumière fut.* (Bible de Jérusalem). »

Dans ces versets, à l'intérieur de chaque phrase, il y a des forces énergétiques, voire des phénomènes physiques, qui ont permis d'aboutir aux résultats à savoir l'émergence de la lumière.

En voici une illustration qui nous inspire pour mieux expliquer le début de l'univers :

Vue d'artiste d'un trou noir en rotation. (Wikipédia)

Pour une bonne compréhension par les physiciens de tout ce qui sera expliqué ici d'une manière littérale, je recommande un documentaire scientifique confirmant mes propos sur les versets ci-dessus. Il s'agit du documentaire « **Nouvelle théorie du champ unifié : explication de l'univers dynamique** ».

Dans ce documentaire, tout était issu par un mouvement (un vent de Dieu selon la Bible de Jérusalem). D'après le Principe de la Création, chapitré du livre du Principe divin du Rév. Dr. Sun Myung Moon, ce mouvement d'où tout est issu part de l'Énergie première universelle (E.P.U) dotée à chaque créature, à commencer par les particules.

Nous pouvons illustrer cela par le schéma suivant :

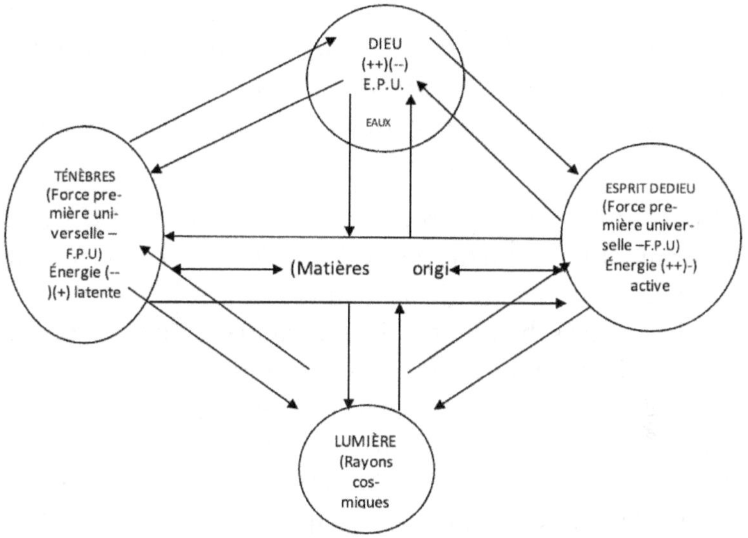

Ge 1 :**3** *Dieu dit : Que la lumière soit ! Et la lumière fut*

Scientifiquement, ce schéma traduit la contraction gravitationnelle des particules originelles désignées comme les eaux dans la Bible sous l'effet des énergies très puissantes appelées esprit ou vent de Dieu. Au centre de l'univers d'avant Big-bang, se forme de plus en plus une bulle creusant l'espace-temps, qualifiée d'un abîme qui grossissant par accrétion des énergies originelle, génère des réactions physiques en faisant jaillir la lumière (rayons) comme cela se passe dans le soleil ou les étoiles.

Ainsi, alors que les rayons (la lumière), dont la charge nulle exercerait une pression positive, les ténèbres qui est le siège de l'énergie noire, a été reconnus par la science comme exerçant une pression négative. Nous pouvons lire cela dans cette citation :

« *Scientifiquement, l'énergie noire est le nom donné à une composante hypothétique de notre* Univers, *présentant la particularité d'avoir une pression négative* ». (www.futura-sciences.com/13/11/2015 par Laurent Sacco).

Que dit la Bible à propos de la Genèse de l'Univers, notamment le prophète Moïse à qui l'on attribue ces écrits plusieurs siècles avant Jésus Christ. ?

Suivons très bien les raisonnements et nous verrons que La Bible ne s'écarte pas de ce que la science est en train de découvrir par des observations palpables et des calculs mathématiques. Pour ce qui est de la formation de l'Univers à nos jours, les savants ne font que des découvertes scientifiques sur ce qui a été bien écrit avant, mais, avec des termes littéraires de l'époque. Épluchons la situation qui a prévalu avant le Big-bang selon la Bible.

Ge 1 :2 *La terre était informe et vide : il y avait des ténèbres à la surface de l'abîme, et l'esprit de Dieu se mouvait au-dessus des eaux. 3 Dieu dit : Que la lumière soit ! Et la lumière fut.*

Une terre informe et vide, signifiant l'univers à son début, couvert des ténèbres à sa surface, peut être bien compris par ce phénomène mal interprété par les scientifiques :

« *Un scénario suggère qu'avant l'inflation cosmique, l'Univers était froid et vide, et que la chaleur et la quantité d'énergie immenses associées aux premiers âges du Big-bang ont été créées lors du changement de phase associé avec la fin de l'inflation* ». (Cfr : Wikipédia : Histoire de l'Univers).

En effet, l'Univers était froid et vide, pas avant l'inflation cosmique, mais à son début quand le schéma biblique de la création l'a décrit comme informe et vide, et cela avant même le Big-bang. Il a commencé à se chauffer lors de la déflation en se condensant.

C'est ce qui est décrit par le verset biblique « l'esprit de Dieu ou un vent de Dieu se mouvant sur l'eau » (Ge 1 :2).

La déflation a connu aussi des changements des phases, étant donné qu'elle se faisait à une vitesse de loin supérieure à celle de la lumière. Cette vitesse décroissait au fur et à mesure que l'univers se formait et se condensait, entraînant l'augmentation des chaleurs provoquées par le choc des particules énergétique jusqu'à l'apparition de la première lumière avant le Big-bang.

Le savant Albert Einstein fut le premier à prédire cette vitesse minimale au moment où il a atteint la vitesse de la lumière après le Big-bang et l'a estimé à environ 300.000 km/s.

Les versets « *La terre était informe et vide : il y avait des ténèbres à la surface de l'abîme, et l'esprit de Dieu se mouvait au-dessus des eaux. 3 Dieu dit : Que la lumière soit ! Et la lumière fut* » (Ge 1 :2-3), semblent courts, et, pourtant ça résume la situation qui a prévalu dans l'Avant Big-bang. Ce sont de petites phrases pour les lecteurs, mais des situations très compliquées qui ont lieu avant le Big-bang. Aucun savant n'avait attiré l'attention à ce verset. Sa démonstration ou réalisation scientifique nécessite le renforcement des capacités du grand collisionneur des Hadrons (LHC) dans sa configuration actuelle comme atteste cette phrase :

« *À la fin des années 1990, la* physique *des hautes* énergies *semblait à la veille d'une révolution sans pareil et peut-être même de la plus importante révolution scientifique de toutes l'histoire de l'humanité puisque la physique de la* gravitation quantique, *celle de la super-force dominant toutes les autres et tous les types de* matières, *semblait à portée de main. Il a fallu déchanter, car même si tout reste encore logiquement possible, il semble maintenant bien plus probable que de la nouvelle physique ne soit finalement accessible directement qu'à des énergies à tout jamais impossibles à obtenir sur* Terre ».

(Cfr : futura science : Neutrinos stériles ; Par Laurent Sacco, Publié le 12/04/2017).

En tout état de cause, nous pouvons dire qu'on ne peut rejeter une hypothèse si on n'a pas encore les moyens matériels de le vérifier ou de l'accomplir. Toutefois nous savons qu'une affirmation ne devient scientifique que si elle peut être démontrée. C'est ainsi que l'idée de la dérive des continents émise en 1912, n'a été admise par l'ensemble des scientifiques qu'en 1967. Après tout, en ce 21e Siècle, la science est encore jeune par rapport à l'âge qu'on prévoit pour l'existence de l'humanité. Nous allons revenir à cette lumière d'avant Big-bang dans les points qui suivent.

2.2. L'énergie du vide

Ge 1.2 *« La terre était informe et vide : il y avait des ténèbres à la surface de l'abîme, et* **l'esprit de Dieu** *se mouvait au-dessus des eaux ».*

Dans le schéma biblique de la création, l'énergie du vide est désigné par les termes « l'esprit de Dieu, le souffle ou un vent de Dieu selon les différentes versions bibliques. Nous allons y revenir.

L'une des questions qui m'a toujours intrigué dans le premier verset de la Bible était celle de savoir comment du spirituel on était arrivé au vide, et du vide au matériel. Sachant que selon les croyants, seul Dieu connait la réponse, mais, du point de vue de la recherche en physique, cela fait partie du paradoxe de Phanzu. Dans ce livre, j'ai évoqué plusieurs fois la vitesse et la collusion des rayons. J'ignorais complètement que 10 ans plus tard je trouverais un article pareil sur le Web :

« Lorsque les bonnes fréquences de lumière entrent en collision, elles peuvent se transformer en matière grâce à la célèbre équation E = mc² d'Albert Einstein » explique Alberto Dominguez, astrophysicien à l'Université Complutense de Madrid ». (Cfr : trustmyscience.com/telescope-fermi-retrace-histoire-rayonnement-stellaire-dans-univers/par Thomas Boisson,30 /11/ 2018).

Ainsi, dans le futur, quand les savants se concentreront effectivement sur l'avant Big-bang, l'étude de l'évolution de la chaleur issue de la déflation cosmique permettra de quantifier certaines périodes d'avant Big-bang. Même si beaucoup d'énigmes restent encore à élucider, dès le moment où le mot » terre » a été mentionné pour la première fois dans la Bible, ce fut l'entrée des processus physiques dans l'Univers.

Lisons :

Ge 1 :**1** *« Au commencement, Dieu créa les cieux et la terre ».*

Toutes les théories scientifiques développées aujourd'hui, comme ayant abouti à la formation des particules primitives, sont des phénomènes qui ont eu lieu au temps du chaos d'avant Big-bang selon le Modèle Cosmologique Universel et font partie désormais de la physique de création.

Il n'y a aucun moyen de calculer avec précision la période qui va de la nébuleuse à une étoile, car beaucoup d'éléments entrent en jeu comme la masse et la force gravitationnelle.

La formation de la masse concentrée du Big-bang est encore beaucoup plus compliquée, car, ayant pris naissance sur base des collisions de rayons des particules provoquant des décharges électriques.

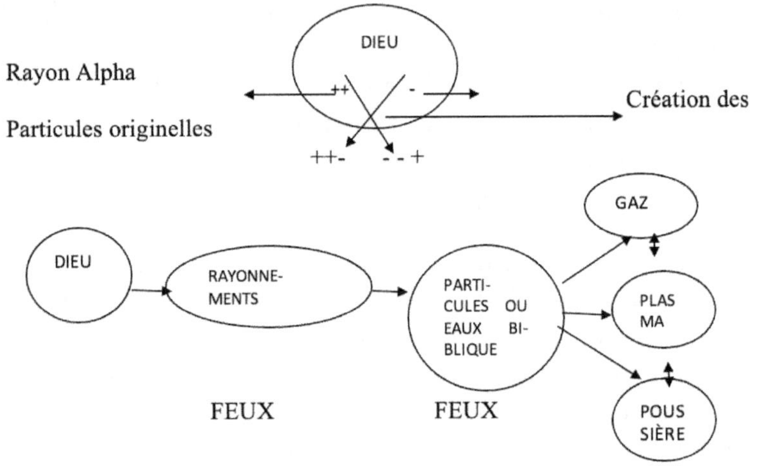

Ap 22 :13 « Je suis *l'alpha et l'oméga, le premier et le dernier, le commencement et la fin* ».

Ce schéma peut être compris par la phrase scientifique suivante :

« *Aux origines de l'histoire de l'Univers, ce dernier était constitué d'un champ de rayonnements à très haute énergie qui lors d'un « tohu-bohu » a généré des particules matérielles à hauteur d'environ 1 % de l'énergie initiale. Ce dernier est d'ailleurs aujourd'hui toujours présent avec une densité d'énergie très faible sous la forme du fameux fond cosmologique résiduel* ».

(Cfr : zevengeur.files.wordpress.com/2018/07/instant-zéro).

Tous ces raisonnements des scientifiques concernent pour eux l'Après-Big-bang, mais, selon le Modèle Cosmologique Universel, la création des particules primitives est faite dans l'avant Big-bang.

Dieu étant la source des énergies, après avoir actionné le mouvement circulaire de l'Univers, ce que Moïse aurait pu dire par « Dieu dit que la terre tourne » ; tout commença à être créé par là. Dieu, c'est l'action. Cette vérité, même la science ne peut la contredire. Nous pouvons le voir par cette affirmation :

« *Le* vide *en* mécanique quantique *n'est pas réellement vide. Tout le temps, autour de nous, partout, à chaque instant, des paires de* particules *et d'*antiparticules *sont créées, à partir de rien* ». (**Aurélien Barrau, astrophysicien, interrogé par futura-Sciences**, Par Jonathan SARE, Futura-Sciences 01/08/2016).

D'où est venue l'énergie régnant dans le chaos ou dans l'abîme avant le Big-bang ? Les théoriciens de la théorie de super corde parlent d'une étoile d'univers tridimensionnelle antérieure à la nôtre. Quant au Modèle Cosmologique Universel, nous disons que l'univers étant informe et vide au départ, le chaos ou l'abîme se forma à partir des particules originelles actionnées par l'énergie première universelle selon qu'il est écrit « l'esprit de Dieu se mouvait sur les eaux ».

En effet, selon la relativité générale, l'énergie a de la masse ; donc elle gravite. Or, la gravitation est attractive.

(Cfr : https ://www.futura-sciences.com/sciences/univers -energie-noire-4004 *)*

Selon le principe d'incertitude, la collision entre les particules virtuelles crée des particules lorsqu'on apporte de l'énergie. La collision de ces paires des particules et d'antiparticules ne peut trouver leur existence qu'à partir de ce qui est développé ici.

Jusqu'à l'apparition de ce livre, La LHC n'a pas encore atteint la vitesse phénoménale à laquelle l'Univers tourne comme nous pouvons le lire :

« *On ne peut reproduire en laboratoire ni l'accélération des chocs par collision libre ni tout autre processus d'accélération de particules. Nous ne savons pas reproduire les grandes distances et les faibles densités de l'espace, et les phénomènes ne peuvent être correctement miniaturisés aux dimensions du laboratoire.*

*(*Dr. David P. Stern Mail au Dr.Stern :**education**["at" symbol] **phy6.org)**.

Les particules même soumises à ce jour à la vitesse de la lumière pour leurs collisions n'arriveront pas à engendrer la matière originelle qualifiée d'eau par Moïse dans la Bible.

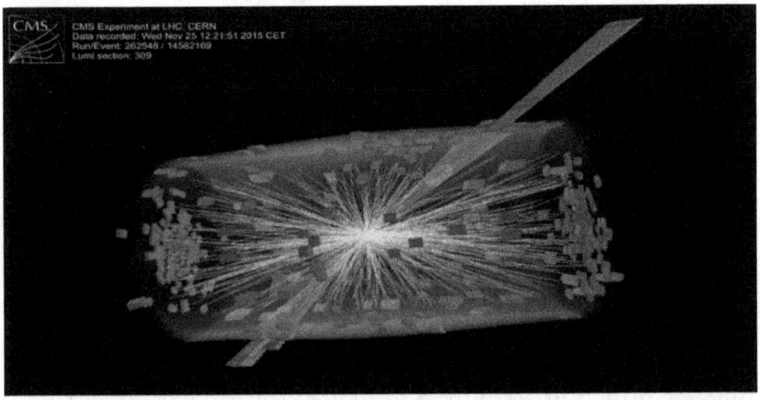

Collisions d'ions plomb dans le détecteur de CMS (Image : CMS/*CERN) ; pour déterminer l'état de la matière de l'Univers à son origine*

La science a peut-être raison de dire que l'avant Big-bang est une période non spéculative, comme m'a répondu un français dans un Blog. Ce dernier me dit :

« Ceci étant, nul ne sait modéliser avec précision cette zone mystérieuse en dessous de la longueur et du temps de Planck, cela reste une aporie ».

(Cfr : zevengeur.wordpress.com/2014/01/16/histoire-de-l'univers-Partie 6 : Modèle Janus, le futur de la cosmologie ?).

Le Modèle Cosmologique Universel met à jour les énergies bibliques ayant abouti au Big-bang. Même la science, dans la mécanique quantique, reconnait qu'au début de l'histoire du cosmos tout n'était qu'énergie. Parler de la création des énergies après le Big-bang, comme les savants essayent de spéculer dans le Modèle standard, ne tient pas debout. Le problème, c'est plutôt la place de la mécanique quantique dans l'histoire de l'Univers. Certains préfèrent la mettre dans la sphère de la Période inconnue de l'Univers comme nous pouvons le voir dans ce tableau :

Représentation scientifique de la période inconnue

http ://webinet.cafe-/**sciences.org/articles/cosmologie-fastoche-33**

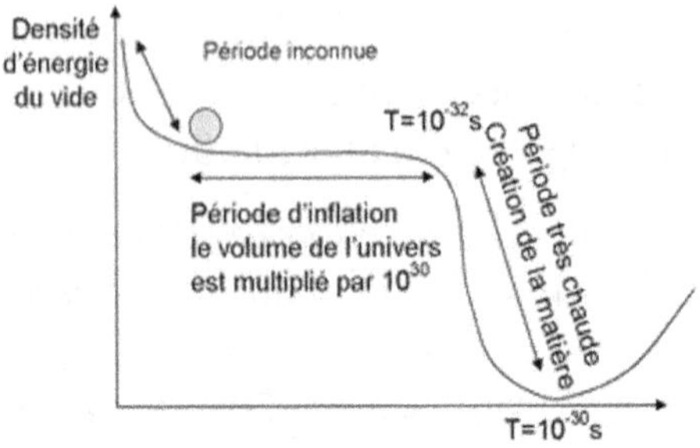

L'énergie du vide pourrait avoir évolué comme une bille roulant très doucement sur un plateau de haute altitude et en pente douce avant de chuter brusquement le long d'une corniche et de se stabiliser à sa valeur actuelle.

En se basant sur ce tableau, plusieurs hypothèses ont été apportées dans le principe d'incertitude pour expliquer l'apparition de la matière après le Big-bang. C'est le cas de la phrase suivante :

« *Même lors de la naissance de l'univers, lorsque la matière n'existait pas encore, l'univers était agité d'une succession frénétique de créations et de disparitions de particules de tous les types. C'est d'ailleurs grâce à cela que la* matière ordinaire *pourra faire son apparition* ».
(Cfr : annuaire-digg des.coursgratuits.net/c7_bigbang /p715_partvirtuelles.php. par Olivier Esslinger).

Pour le Modèle Cosmologique Universel, le principe d'incertitude - notamment la citation ci-dessus, devrait être approfondie et positionnée dans l'avant Big-bang, c'est-à-dire de l'Énergie première universelle jusqu'à l'apparition de la matière. Tout ce qui est survenu dans l'après-Big-bang n'était qu'une suite de déconfinement de ce qui a été confiné.

Vide quantique → particules virtuelles → eaux bibliques → lumières → Big-bang

Voilà pourquoi, plus on fera reculer le temps de l'univers, plus, il y aura toujours la question « et avant ça ». Les scientifiques disent que toute solution fait jaillir de nouvelles questions et cela parce que la dimension spirituelle de la création nous échappe.

Section 3
découvertes des grandes structures d'avant Big-bang dans la Bible

C'est dans la Bible que nous avons découvert l'existence de la sphère d'Avant big-bang, soit 3 500 ans après que ce schéma soit griffonné sur des papyrus.

Pour aider les scientifiques dans leur quête, commençons par expliquer d'une manière littérale, voire romantique pour mes lecteurs, chaque structure sur l'origine de l'univers d'avant Big-bang. Cette explication est une restitution en langage scientifique du schéma de la création selon la Bible. Cette restitution biblique est baptisée sous le nom du Modèle Cosmologique Universel.

3.1. Terre informe et vide (univers)

Ge 1 :2 « La *terre était informe et vide* »

Pour parler de " l'univers " qui est un terme spécifique en cosmologie, le commun des mortels préfère le terme " monde ". Ainsi, un pasteur qui utilise le terme " monde " à son auditoire ou devant les élèves sera mieux compris que s'il parlait de l'univers. C'est ainsi que Moïse eut à utiliser à la place de l'expression « Univers primitif et sans existence matérielle », une explication, à savoir, « une terre informe et vide ».

Revenons seulement au premier mot « la terre ». Celle-ci est différente de la planète terre. En effet, en parlant d'une terre vide et informe au premier jour de la création, cela voudrait dire tout simplement que la terre lui-même, en tant qu'élément matériel visible, n'avait pas d'existence.

C'est au troisième jour (à la 3e étape) de la création qu'on découvre que la planète terre a été formée matériellement. Lisons :

Ge 1 : 10 *Dieu appela le sec terre, et il appela l'amas des eaux mers... 13 ainsi, il y eut un soir, et il y eut un matin : ce fut le troisième jour.*

Image de la Terre

Notre planète terre a bel et bien une forme et n'a jamais été vide. C'est la terre dont on parle au troisième jour biblique.

Alors que symbolise la phrase, « La terre était informe et vide » (Ge 1 :2) dans la Bible au premier jour biblique ? Il s'agit tout simplement de l'univers à son origine. Un univers vide et sans forme, c'est-à-dire sans frontière.

Image d'une terre informe et vide ou univers à son début

« *La terre était informe et vide, il y avait les ténèbres dans la surface de l'abime et l'esprit de Dieu se mouvait sur les eaux* (invisible aussi car il s'agissait des particules) »

Mathématiquement, Moïse utilisait beaucoup plus les noms des ensembles en compréhension plutôt qu'en extension, et en théologie on parle de langage imagé ; basé sur des formes plutôt que sur des contenus, car en écrivant ces choses, il voulait démontrer l'existence de Dieu le Créateur à tout le peuple et non seulement aux intellectuels.

Aujourd'hui, le monde scientifique fait appel à beaucoup de disciplines pour expliquer la chronologie de la création. Mais, du temps de Moïse, qui pouvait comprendre ces raisonnements et ces théories ? D'ailleurs, même à la présente époque de la connaissance scientifique, l'explication de tout ceci fait encore mal à la tête. Ainsi, Moïse ne pouvait utiliser des mots que les gens peuvent comprendre facilement.

Ainsi, en parlant d'une terre sans forme et vide, Moïse ne parlait que de l'Univers à son origine. Aujourd'hui, le mot vide fait débat dans le monde scientifique, car on a découvert que le vide physiquement n'est pas nécessairement vide, mais, qu'il est rempli de l'énergie comme en témoigne cet article :

« *Pour les physiciens quantiques, le vide n'est pas rien : dépouillé de toute matière et à une température proche du zéro absolu, l'espace vide contient encore de l'énergie ! Une preuve de son existence ? « L'effet Casimir », capable de générer du mouvement à partir de cette seule énergie* ».

(Cfr : La force qui vient du vide - Astrid Lambrecht dans mensuel n° 376 /06/2004, p.48).

Dans l'expérience concernant l'effet casimir, on a découvert que deux plaques conductrices placées très près l'une de l'autre subissent spontanément une force attractive qui peut être mesurée.

Cette mise au point est nécessaire pour comprendre à partir de quel point Moïse a commencé à parler sur la Genèse de l'univers. En principe, c'est à partir du verset suivant :

Ge 1 :2 « *La terre était informe et vide* ».

Selon la théorie quantique des champs et gravitations, le vide devrait avoir une énorme énergie.

(http ://p1.storage.canalblog.com/18/78/912680/1163733 57.jpg).

Cette théorie est soutenue par des formules mathématiques de la relativité générale d'Albert Einstein. En effet, si le vide quantique contient effectivement une quantité d'énergie phénoménale, rien n'empêche qu'une partie de cette dernière se soit transformée en matière, grâce à la relation d'équivalence d'Einstein (E=mc2). Ainsi, l'origine de l'univers aurait alors une cause immanente, car le vide serait préexistant à l'apparition de l'univers. (Cfr : « *Discours sur l'origine de l'univers* », *Etienne-Klein–2010*).

Cette affirmation est confirmée par la Bible qui dit qu'au départ l'Univers fut vide à travers le verset « *Au commencement Dieu créa ... la terre; la terre fut informe et vide* »

Les scientifiques me demanderont pourquoi mélanger la raison et la foi? Je ne mélange pas la foi et la raison, je suis plutôt en train de restituer le schéma de la création biblique. Même si, ce schéma attribue la création à Dieu, Moi, je ne suis qu'un chercheur qui a découvert que c'est fondé. Aux scientifiques d'en faire le développement.

En disant créé par Dieu, nous n'excluons pas le schéma physique. C'est comme si on est en train de dire qu'un tel est le créateur de tel appareil. Créé veut toujours dire « mettre les choses ensemble pour aboutir à un résultat ». Telle est la déduction du Modèle Cosmologique Universel sur des dictons « Dieu dit, Dieu fut, Dieu créa ». Nous avons dit que derrière ces dictions, se cache un travail et un processus physique, même si certains demeurent encore comme des mystères.

À ces jours, le constat selon lequel l'Univers a commencé dans le néant, qualifié par la Bible d'une « terre informe et vide », est adopté par certains scientifiques, athées ou non. L'idée d'un univers stationnaire de Fred Hoyle n'a pas eu des soutiens par rapport à un univers avec un commencement. Mais, c'est la Bible qui fut le premier livre à en parler, et cela à l'époque où personne ne pouvait arriver à une telle déduction, soit à 1500 ans av. JC.

Selon la théorie de l'évolution de la science, quand l'homme a commencé à raisonner sur les origines du cosmos, il y avait déjà la terre et le ciel. Qui pouvait apprendre à Moïse qu'au départ il n'y avait rien et que le chaos prédominait ?

Étant donné la véracité de cette déclaration « d'une terre informe et vide », signifiant l'Univers à son début, et qui est appuyé par certains scientifiques, le Modèle cosmologique universel devient désormais le modèle de base dans la cosmologie.

3.1.1 La notion du chaos et du vide

Le chaos et le vide constituent selon tous les raisonnements religieux, philosophiques et métaphysiques, l'état d'où l'univers primitif était issu. On les retrouve sous plusieurs synonymes tels que rien, néant, gouffre et abîme.

Ge 1 : 1-2 *« Au commencement, Dieu créa les cieux et la terre. La terre était informe et vide ; il y avait des ténèbres à la surface de l'abîme, et l'Esprit de Dieu se mouvait au-dessus des eaux ».*

Sourate al-Baquarah, 117 « Allah est le Créateur des cieux et de la terre à partir du néant… ».

3.1.1.1 La notion du chaos

« Chaos signifie, dans la théorie de la création du monde établie par les Grecs anciens, gouffre sombre et silencieux ayant préexisté à toute forme de vie…Il est à noter que bien que certains schémas présentent Chaos comme une sorte de

masse confuse, tous s'accordent pour voir en lui la première force ayant investi l'Univers »[2].

À travers cette définition du mot chaos, nous retombons plutôt dans la notion de l'abîme qui signifie aussi gouffre sombre et qui est défini selon le glossaire de Free bible comme un *Monde mystérieux de l'océan primitif, lieu des ténèbres et des puissances mauvaises, de la détresse et de la perdition.* »

On comprend que la notion du chaos fait référence à ce qui s'est passé dans l'abîme biblique et actuellement dans ce que les astrophysiciens ont baptisé « trou noir » ou déformation de l'espace-temps.

3.1.1.2 La notion du vide

Ge 1 : 2 *« La terre était informe et vide ».*

En parlant de l'énergie du vide, nous faisons référence à l'énergie sur l'univers primitif au moment où l'univers (la terre) était encore informe et vide selon la Bible.

En effet, le principe d'incertitude scientifique implique que même le vide le plus absolu est en fait peuplé d'une myriade de particules et d'antiparticules virtuelles. Le vide, au sens où on l'entend d'habitude, c'est-à-dire l'absence de toute matière, n'existe pas. Tel est la constatation des scientifiques.

(Cfr : *astronomes.com/le-big-bang/particule-virtuelle/* le *9 août 2017* par *Olivier Esslinger)*

Selon la science, le vide est un état qui préexiste à la matière et au mouvement qui en découle. D'après la relativité générale, la matière-énergie contenue dans l'univers n'est pas sans effets induits, car elle courbe l'espace-temps dans ce dernier. Moïse le qualifia d'abîme : « *il y avait des ténèbres à la surface de l'***abîme** ». C'est

2. "Chaos." Microsoft® Encarta® 2009 [DVD]. Microsoft Corporation, 2008.

pourquoi la physique quantique considère explicitement, sans se référer à l'avant Big-bang, l'espace et le temps comme entités préexistantes. En principe, elle ne fait que confirmer la Bible à travers sa restitution scientifique dans le Modèle Cosmologique Universel.

Ge 1 : **2-3** « *La terre était informe et* **vide** *: il y avait des ténèbres à la surface de l'abîme...* »

Wang Fuzhi (1619-1692) écrivait :» En réalité, le principe réside dans l'énergie et l'énergie n'est rien d'autre que principe ; l'énergie réside dans le vide et le vide n'est rien d'autre qu'énergie. »

(Cfr : JP LUMINET in Futurascience, l'infini de la matière : le vide, publié le 25/01/2018).

En plus, la Théorie quantique a montré que le vide n'était pas vraiment vide et qu'il contenait une fabuleuse quantité d'énergie, ce dernier fut alors dénommé « vide quantique ». Ce vide est rempli de particules virtuelles qui se matérialisent brièvement lorsqu'on apporte de l'énergie, par exemple lors de collisions de particules à hautes vitesses.

Cet état « vide » est en effet bien différent d'une totale absence. D'où le terme vide quantique, utilisé par la science qui pourrait donc ne pas appartenir à notre univers selon la définition que l'on donne à ce dernier. D'où cette déduction :

« Le vide quantique, étant rempli de quelque chose, pourrait selon cette définition ne pas appartenir à notre univers. Il pourrait par exemple constituer la matière première à partir de laquelle notre univers a été créé il y a 13.5 milliards d'années ».

(Cfr : zevengeur.wordpress.com/2014/02/11/**Le vide quantique : un nouveau continent à explorer)**.

Cette déduction confirme ce que nous avons dit, à savoir, dans le Modèle Cosmologique Universel, la mécanique quantique avec toutes les danses qu'elle nous propose ne fait pas partie de l'Univers de l'après-Big-bang. Il n'y a pas une place où on peut insérer ces danses après le Big-bang caractérisé par l'inflation suivie d'une expansion exponentielle. Elle fait plutôt partie de l'Univers d'avant Big-bang, quand selon la Bible « la terre était encore informe et vide » signifiant l'Univers primitif.

Quand j'étais arrivé à cette déduction, je ne savais pas que j'avais rejoint la science ou que cette dernière m'a rejoint comme nous pouvons le lire :

« *La physique contemporaine n'a pas donné la réponse à toutes les questions qu'elle posait. En effet, si elle a permis d'étudier de nombreux phénomènes, les lois qu'elle a mises en évidence ne se rejoignent pas dans les domaines où elles sont censées agir conjointement ou concurremment. Essentiellement (mais pas seulement), la physique quantique ne rejoint pas la physique relativiste* ».
(*Cfr* : matierevolution.fr, Matière noire, énergie noire : le chaînon manquant ?13/11/2007, par FaberSperber, Robert Paris).

Un autre argument de taille, nous la tirons de cette citation d'Albert Einstein à savoir :

« *Pour un milliard de particules d'antimatière, il y avait un milliard et une particule de matière. À l'issue de l'annihilation mutuelle, il est resté un milliardième : notre univers actuel.* »
(Cfr : J. Baker : *50 clés pour comprendre l'astronomie*, éd. Dunod, Paris, p.71).

Voilà ce qui confirme effectivement que la mécanique quantique, qui pour nous fait partie de la physique de la création, est à insérer dans l'avant Big-bang

En effet, ce vide quantique dans la physique quantique correspond à une zone de l'Univers censé être vide de matière ou plutôt, où on ne discerne rien. Elle se trouve remplie de particules virtuelles et de particules d'antimatière. Quand des particules et des antiparticules entrent en collision, elles s'annihilent en dégageant de l'énergie jusqu'à ce qu'elles donnent naissance dans le vide quantique à des particules virtuelles. Toutes ces actions sont décrites par le verset biblique « *Un vent de Dieu se mouvait sur les eaux* ».

Tout ceci est bien explicité par cette citation scientifique :

*« L'énergie du vide n'est pas nulle, elle est constante en tout point de l'espace-temps, ce qui permet de respecter la loi de conservation de l'énergie sur l'ensemble de l'univers. L'énergie du vide est constante, mais fluctue au niveau de cette valeur et c'est cette instabilité du vide qui permet la création de matières à l'infiniment peti*t ».
(Cfr : Claude Sarrailh, Le secret de la vie, éd. Librinova, Paris, 2018, P.42).

Comme au départ la terre (l'univers) était informe et vide, la matière telle que nous la voyons aujourd'hui fut formée à partir de l'énergie contenue dans ce vide et dont les propriétés nous viennent des caractéristiques duales de Dieu qui a la propriété de ramener tout à l'unité. C'est cette force découverte à l'infiniment petit que les astrophysiciens étudient en l'appelant graviton.

Le Modèle Cosmologique Universel se présentent aujourd'hui comme le scaphandre qui permet aux savants de traverser l'arsenal de Big-bang et d'aller encore jusqu'à quelques milliards d'années avant le Big-bang. Mais, étant donné qu'il n'y avait pas d'astre de repères, cette période n'est quantifiable ni par la Bible, ni par la science. Moïse, le savant des savants, dut contenir cette période qui va du moment où il n'y avait que le vide et le chaos jusqu'au moment où la chaleur des éléments ayant occasionné le Big-bang a atteint une grande chaleur, projetant la lumière, d'un jour. Moïse le décrit comme suit :

Ge 1 *:* **2-5** *« La terre était informe et vide : il y avait des ténèbres à la surface de l'abîme, et l'esprit de Dieu se mouvait* **au-dessus des eaux** *et Dieu dit : Que la lumière soit ! Et la lumière fut ...ainsi, il y eut un soir, et il y eut un matin : ce fut le premier jour* ».

Pour ces versets, nous pouvons dire qu'il y avait une période sombre dans un Univers vide, rempli des ténèbres à sa surface, c'est-à-dire de l'énergie. Après avoir mentionné le titre, à savoir « *Au commencement Dieu créa les Cieux et la Terre* », où beaucoup de phénomènes qui nous sont encore inaccessibles durent se passer, Moïse a commencé à parler de la création au moment où les particules virtuelles ont commencé à se mouvoir avec les énergies ; et, cela, par la phrase « *La terre était informe et vide : il y avait des ténèbres à la surface de l'abîme, et* un vent de Dieu se mouvait au-dessus des eaux » (Ge 1 : 2).

Ainsi, une terre vide et informe étant comprise comme l'Univers à l'origine, nous passons au deuxième grand ensemble biblique d'avant Big-bang à savoir les ténèbres.

3.2. Les ténèbres

Selon le Modèle Cosmologique Universel, le froid et les ténèbres font partie des états naturels de l'Univers. Il suffit tout simplement qu'une partie d'une planète ne reçoive pas la chaleur de son étoile pour qu'on y trouve de la glace et les ténèbres, tout comme aussi, les parties de l'Univers qui sont éloignés des étoiles se retrouvent dans les ténèbres et le froid.

Ge 1 :2 « *La terre était informe et vide :* **il y avait des ténèbres** *à la surface de l'abîme et l'esprit de Dieu se mouvait au-dessus des eaux. 3 Dieu dit : Que la* **lumière** *soit ! Et la lumière fut. Dieu vit que la lumière était bonne ; et Dieu sépara la lumière d'avec les* **ténèbres.4** *Dieu appela la* « **lumière** » **jour**, *et il appela les* « **ténèbres** », **nuit**. *Ainsi, il y eut un soir, et il y eut un matin : ce fut le* **premier jour** ».

Dans les versets 1 à 4 ci-dessus, nous voyons qu'il y avait une période énergiquement très animée dans l'Avant Big-bang avant l'émergence du monde matériel, que les scientifiques qualifient de l'Univers d'Après Big-bang.

Comme nous l'avons dit : Moïse met toujours Dieu comme sujet pour montrer que la création n'était pas un phénomène dû au hasard comme les scientifiques le pensent. Au troisième verset (Ge 1.3), Moïse parle de l'apparition de la lumière. Or, s'il y a apparition de la lumière, ce qu'il y avait les ténèbres (Ge 1 : 2) sur tout l'univers. C'est aussi scientifiquement prouvé et c'est ce qui a voilé ces versets amenant tout le monde à se limiter à son interprétation littérale.

Image d'une terre informe et vide ou univers à son début

« La terre était informe et vide, il y avait les ténèbres dans la surface de l'abime et l'esprit de Dieu se mouvait sur les eaux (invisible aussi car il s'agissait des particules) »

Si aujourd'hui toutes les étoiles s'éteignaient, le soleil compris, on reviendrait à un univers ténébreux comme au début tel qu'on le voit dans l'image ci-dessus. L'Univers étant naturellement ténébreux, le paradoxe d'Olbert se trouve résolu.

L'espace

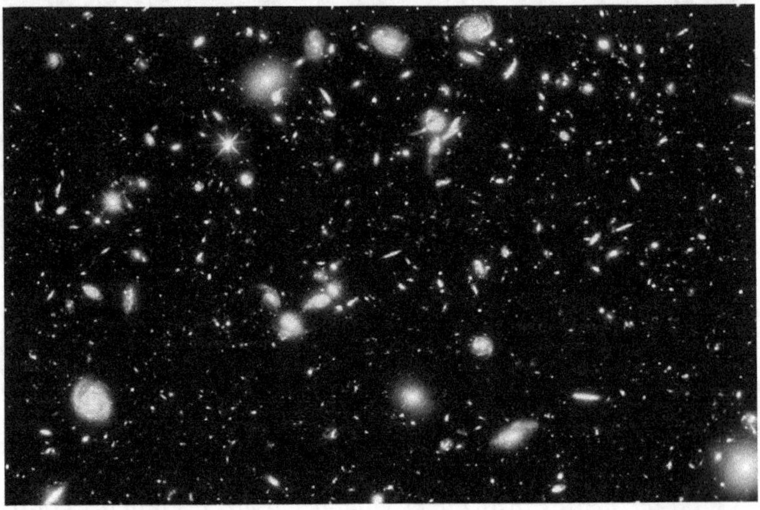

Image actuelle d'une tranche de l'Univers photographie par le télescope James Webb (2022).

3.3. L'abîme

Ge 1 :2 « *La terre était informe et vide : il y avait des* **ténèbre**s *à la surface de* **l'abîme** *et l'esprit de Dieu se mouvait au-dessus des eaux.***3** *Dieu dit : Que la lumière soit ! Et la lumière fut* ».

Vue d'artiste d'un trou noir en rotation (Wikipédia).

Dans le glossaire biblique tiré de Free Bible avons-nous dit, l'abîme est défini comme « *un Monde mystérieux de l'océan primitif, lieu des ténèbres et des puissances mauvaises, de la détresse et de la perdition* ». C'est de cette définition que m'est venue l'idée de me référer aux trous noirs dans l'Univers.

Même scientifiquement, cette définition cadre effectivement avec les explications de ce que les savants appellent le trou noir. Qui connaît les fonds ? L'océan primitif représente effectivement l'amas ou le vide du début de l'Univers, un lieu des ténèbres et des énergies en confrontation, un endroit de non-retour (détresse et perdition).

En effet, avant d'entreprendre ce travail, j'ai toujours lu ce verset dans la Bible et comme tout le commun des mortels, le mot abîme signifiait pour moi un trou ou un espace vide dans un lieu fermé. Mais, pourquoi Moïse n'a-t-il pas directement parlé d'un trou ou d'un espace vide ? Tout simplement, selon la définition ci-dessus tirée du glossaire de Free Bible et, dont Moïse n'avait pas connaissance, nous pouvons dire que l'abîme est un trou au sein duquel se déroulent des phénomènes mystérieux. Le glossaire ajoute même le mot perdition, c'est-à-dire une fois attirée là-bas, il n'y a plus aucun espoir de ressortir. Et dans le ciel, les seules choses qui répondent aux explications ci-dessus, que les astrophysiciens ont découverte, ce sont les trous noirs.

Pour une petite explication, un trou noir est une espace vide dans l'espace vide du ciel, doté d'un champ gravitationnel tellement puissant que rien ne peut en ressortir une fois son « horizon » (ou point de non-retour) atteint. Les savants eux-mêmes ne donnent pas une définition claire. Ils préfèrent seulement décrire les phénomènes.

Le mot abîme utilisé par Moïse dans la Bible d'une manière littérale cadre avec ce que le physicien John Wheeler expliqua d'une manière scientifique en ce qui concerne les trous noirs comme nous pouvons le lire :

« Le terme « trou noir » a été inventé par le physicien américain **Erreur ! Référence de lien hypertexte non valide.**, *en 1967, pour décrire une concentration de masse-énergie qui s'est effondrée gravitationnellement sous sa propre force d'attraction et qui est devenue si compacte que même les* photons *ne peuvent se soustraire à cette* force gravitationnelle »
*(Cfr : Laurent SACCO,*www.futura*science, Trou noir).*

Pour les Américains, l'explication ci-dessous est passable : le trou noir est comme une tornade dans l'espace interplanétaire générant aussi un grand tourbillon, sauf qu'on ne voit pas le fond. Dans la tornade terrestre, les choses sont inspirées de la base inférieure et propulsées vers le haut. Tandis que dans un trou noir, les matières sont aspirées d'en haut (ressemblant à l'œil de la tornade terrestre ; mais, pour les trous noirs, on parle plutôt de la bouche). Le tourbillon du trou noir est si violent qu'il est même capable d'attirer et d'avaler en une bouchée une planète plus grande que la terre ; la broyer pour de bon, ou l'injecter sous forme de débris et de poussières dans l'espace. Des jets lumineux précèderaient cette injection.

Le rayon auquel aucune chose ne peut plus échapper à la gravitation du trou noir est appelé horizon des événements. Tout ce qui le franchit, y compris la lumière, y plonge dedans. D'où sa définition dans les glossaires bibliques des « *lieux des ténèbres et des puissances mauvaises, de la détresse et de la perdition.* »

Si les savants ne contournaient pas le langage biblique, en découvrant les trous noirs, John Wheeler aurait pu le qualifié de l'abîme (1967). Mais comme on le voit, les savants contournent toujours le langage biblique pour donner des noms inappropriés. À ce jour, ils disent que l'homme est fait de la poussière des étoiles, pour contourner ce que la Bible dit, à savoir, « l'homme est fait de la poussière de la terre » (Ge 2 :7). Or, qu'il soit fait de la poussière des étoiles (en amont), c'est sur la terre qu'il fut formé (en aval).

Quand j'ai commencé ce travail, le mot abîme m'a beaucoup troublé et je m'étais dit que ça pouvait cacher le secret de la création de l'univers. En l'associant aux trous noirs, les inquiétudes s'étaient encore augmentées, car selon la science actuellement, les trous sont apparus après le Big-bang. Et plus tard quand j'ai vu dans les images que la déformation de l'espace-temps est présentée comme un abîme, j'ai jubilé. Les scientifiques n'échappent pas non plus à cette préoccupation qui est la mienne. Lisons cette phrase tirée de futura science :

« Il n'est pas difficile de comprendre pourquoi les physiciens se passionnent pour l'étude des trous noirs, car ces objets sont probablement une clé de toute la physique fondamentale et d'une compréhension profonde de l'origine de l'Univers ». (Cfr : futura-sciences/définition/astronomie-trou noir).

En d'autres termes, à travers tout ce qui est développé dans ce chapitre, le Modèle Cosmologique Universelle est d'un grand apport pour la science.

Dans le documentaire scientifique sur « **les Mystères de l'univers** », il est dit que les trous noirs se nourrissent de gaz galactiques, c'est-à-dire qu'ils attirent vers eux tous les gaz environnants. Son attraction, que les scientifiques appellent gravitation, est tellement puissante que même s'il engloutit une étoile comme le soleil, sa surface restera ténébreuse. Parfois, il peut aussi le vomir comme nous l'avons dit après l'avoir broyé, et cela par un jet d'une grande lumière.

C'est pour la première fois que les croyants non-cosmologues apprennent que des phénomènes semblables à des tourbillons se déroulent aussi dans le ciel profond.

Pour mes nombreux lecteurs qui n'ont aucune idée de la tornade, en particulier les Africains, j'offre ici une illustration pour mieux comprendre le trou noir dans l'espace :

(La base)

(TORNADE TERRESTRE OU TOURBILLON CRÉE PAR LE VENT : la base et le sommet). Une illustration de ce que peut être le trou noir céleste, qualifié d'abîme par Moïse ou la

première zone de concentration de la matière (Ge 1 :2).
[Modèle Cosmologique Universel.].

On reconnait une tornade quand on repère un entonnoir tourbillonnant et tournoyant tombant d'un gros nuage. Mais, dans un trou noir, l'image est plutôt renversée et on ne voit pas l'icône. Tout comme les vents puissants et tournoyants émettent fréquemment un chuintement strident ou un sifflement que l'on peut entendre à plusieurs kilomètres de distance ; il en est de même des trous dont certains sons peuvent être captés par des appareils astronomiques comme nous pouvons le lire dans cet article :

« *Des chercheurs ont enfin réussi à pénétrer le mystère des signaux radio provenant du trou noir dans la galaxie Arp 220* ». (Cfr : fr.sputniknews.com : un trou noir émet des sons mystérieux).

Dans l'espace, le tourbillon d'un trou noir se présente ainsi :

Un trou noir supermassifs dénudé de sa galaxie parcourt l'Univers comme un tourbillon en toute liberté et à grande vitesse.

(*cfr : par*Stéphanie Schmidt, *4/11/2016*, trustmyscience.com. un-trou-noir-supermassif-denude-parcourt-l-univers/)

Schématiquement, la force autour du trou noir se présente ainsi :

On les représente généralement sous la forme de gigantesques siphons, capables de déformer l'espace-temps autour d'eux (les lignes bleues sur l'illustration). (Cfr : Joe Bergeron, **Encarta ® 2009.La modélisation d'un trou noir)**.

Ces images répondent effectivement à la définition de Moïse qui a dit : « *... il y avait des ténèbres à la surface de l'abîme et l'esprit de Dieu se mouvait au-dessus des eaux. Dieu dit : que la lumière soit ! Et la lumière fut* ». (Ge 1 : 2-3).

La rencontre de toutes les lignes forme en bas un entonnoir qualifié d'abîme par Moïse dans la Bible, dans un Univers encore vide. La mouvance de l'esprit de Dieu ou un vent de Dieu est représenté par les lignes. En bas, on découvre ce que les astrophysiciens appellent le trou de ver (wormhole en anglais). En haut, c'est la lumière qui jaillit suite à la fusion de la matière originelle (des eaux) et qui illumine l'espace (*Dieu dit : que la lumière soit ! Et la lumière fut*). D'où la phrase biblique : *« Et que les sources de l'abîme jaillirent avec force »* (Pr 8 :28).

Selon la science, l'Univers s'est retrouvé condensé avant le Big-bang. Mais en se condensant, la matière qu'il a confinée fut qualifiée des « eaux » par la Bible à la suite de son état. En effet, pour qu'il y ait Big-bang ou séparation des eaux d'avec les eaux selon la Bible, il a fallu une zone d'attraction où les particules originelles se sont mises à s'entrecroiser selon le terme littéraire créant des chocs, générant la chaleur et la lumière pour aboutir au Big-bang. C'est cette zone que Moïse qualifia d'abîme, et que nous appelons le premier trou noir dans l'univers, ou la première déformation du tissu de l'espace-temps.

Cela cadre avec cette description scientifique :

« *Dans le cadre des équations d'Einstein, le début de l'univers devait correspondre à un état de l'espace-temps très chaotique et turbulent qui pouvait contraindre son contenu en matière ou en* lumière *à s'effondrer localement en donnant des trous noirs de* masses *pouvant être très inférieures à celle d'une planète, voire d'un* atome ».

(Cfr : Laurent Sacco, www.futura science, **La mort de Stephen Hawking nous laisse seuls devant l'énigme du Big-bang**, publié le 15/03/2018).

En plus, la température uniforme du fond diffus cosmologique nous dévoile que l'univers s'était effectivement condensé, ce qui a permis à tous les extrêmes de bénéficier d'une même élévation de température. L'esprit de Dieu, selon les termes bibliques, la gravitation selon la science, a créé ce qu'on appelle abîme, ou une zone d'attraction de la matière appelée l'univers avant le Big-bang.

D'ailleurs, l'idée de la science selon laquelle l'Univers serait issu du trou noir (abîme), commence aussi à faire du chemin comme nous pouvons le lire dans ce commentaire scientifique parut dans Futura-science.fr :

« *Un* trou noir *ordinaire se crée par l'effondrement gravitationnel d'une* étoile massive, *c'est un événement* **local**. *Les modèles de Big-bang en revanche, sont des événements* **à l'échelle globale**, *il est donc difficile de les mettre en relation. On commence néanmoins à envisager des modèles dans lesquels il y a* **un avant au** Big-bang. *On peut imaginer et calculer des solutions qui mettent en scène un Univers qui était en* **contraction** *généralisée par exemple. Cet Univers, au lieu de s'écrouler sur lui-même en un* Big Crunch, *aurait formé un* trou noir. *Or, la théorie nous dit que dans certaines conditions le « fond » d'un trou noir n'est pas nécessairement bouché : il peut produire un* trou de ver *(wormhole en anglais). Ce trou de ver serait une sorte de tunnel qui pourrait connecter l'entrée d'un trou noir à une sortie : un trou blanc ou une fontaine blanche. Il est assez tentant d'imaginer que finalement notre Big-bang pourrait être la sortie d'un trou de ver. Cela fait partie des quelques hypothèses sur lesquelles travaillent les chercheurs actuellement* ». –

(Cfr : Jonathan SARE, www.futura-Sciences, publié le 05/11/2014).

Cette hypothèse scientifique très riches, résument en fait ce que nous sommes en train d'explique sur ce qui s'est passé dans l'Avant Big-bang. Moïse a qualifié cet axe ayant causé la première déformation du tissu de l'espace, de l'abîme.

Un autre argument, nous le tirons du documentaire scientifique « **La fin de l'univers** » dans lequel le Professeur Kimberly WEAVER disait que « *la physique des trous noirs est proche de ce qui a fait naître l'Univers* ».

Encore une fois, ces raisonnements supposent l'existence probable d'un trou noir avant le Big-bang. Ceci rejoint la phrase biblique d'avant le Big-bang qui dit " *La terre était informe et vide*". Plus tard, par l'action d'un vent de Dieu, selon la Bible (version Bible Jérusalem), il se forma un abîme, résumé par la phrase biblique adaptée à la compréhension des gens de l'antiquité : » *La terre était informe et vide, il y avait des ténèbres à la surface de l'abîme*" (Ge 1 :2).

À travers cela, on voit que la science s'oriente sans le savoir vers ce que Moïse a dit, donc vers la Bible.

Le mot abîme, employé dans la Bible, constituant la grande clé pour mieux comprendre le début de l'Univers, représente une sorte de trou noir, créé par « l'Univers condensé ». C'est le point où tout s'est contracté avant de subir un rebond. Et cette concentration de la masse crée selon Albert Einstein « la déformation du tissu de l'espace-temps » qui est devenu presque un nom retenu par la science, pour expliquer la forme que prend le tissu de l'univers face aux grandes masses.

En effet, Pour Patrick Peter, astrophysicien et l'un des partisans de la théorie du rebond : *« Notre univers aurait subi une très longue phase de contraction, jusqu'à atteindre une taille très petite, puis aurait spontanément rebondi, pour s'étendre à nouveau. »* (Cfr : Magazine Epsiloon ; Hors-serie n° 5, p.37, Paris 2022).

Et, c'est durant cette phase de contraction que la Bible parle d'un abîme au tout début de l'univers ou de la première déformation du tissu de l'espace. L'astrophysicien Gabriele Veneziano l'a qualifié d'une sorte de trou noir auquel notre univers aurait germé. Même si l'Avant big-bang fut une période énergétique avec des particules, il suffit d'une instabilité pour qu'ils s'effondrent et donnent naissance à des **boules concentrées comme de matière gazeuse**, s'échauffant progressivement au fur et à mesure qu'ils se contractaient. C'est par là qu'il y a eu l'apparition de la première lumière, avant que tout soit condensé à l'extrême. Et, vint le rebond, et plus tard, la réapparition de cette lumière connue sous le nom actuel du rayonnement fossile.

Serait-ce un jeu de vocabulaire entre les termes « abîme et trou noir » ? Nullement, dans la mesure où l'illustration du trou noir répond effectivement à ce que Moïse a décrit, comme nous pouvons le voir dans la photo ci-dessous :

« Dissimulé derrière d'épais nuages de poussière absorbante, le trou noir super-massif le plus proche de la Terre se situe à quelque 26 000 années-lumière, au centre de la Voie lactée (voir cercle) ».

(Source :https ://www.techno-science.net/illustrat/Source /ESO/2018/07/26/eso1825a.jpg).

Dans cette illustration, on ne voit aucun trou à part les ténèbres avec des étoiles. Par contre, les astrophysiciens ont constaté sur base des observations effectuées au moyen du Very Large Telescope de l'ESO au Chili, un petit groupe d'étoiles orbitant à une vitesse élevée autour du cercle et ont conclu à l'existence d'un trou noir super massif. Cela reflète effectivement la phrase biblique d'avant Big-bang qui dit : « il y avait des ténèbres à la surface de l'abîme » (Ge 1 :2).

Malgré les ténèbres, Moïse sut décrire l'existence d'un abîme au début de l'univers de la même façon que les trous noirs découverts actuellement par la science. Il décrit même la force gravitationnelle régnante non seulement aux alentours, mais à l'intérieur aussi par la phrase « Un vent de Dieu se mouvait au-dessus des eaux » (Ge 1.2). Les eaux représentant, dans cette illustration, d'épais nuages de poussière absorbante. Aujourd'hui, cette force gravitationnelle est mise à nue à travers les mouvements des étoiles orbitant aux alentours.

(*Cfr :* www.techno-science.net *;* test réussi de la théorie de la relativité d'Einstein à proximité d'un trou noir supermassif *par* Adrien » *27/07/2018).*

Le « trou noir » originel, désigné sous le nom de l'abîme par Moïse se retrouve aujourd'hui réduit en des milliers de trous noirs par les amas qu'elle a engendrés après le Big-bang et que les scientifiques appellent les « micros-trous noirs ». Cette affirmation fut rejointe par les suppositions contenues dans le documentaire scientifique « **les phénomènes inexpliqués de l'univers** » écrit par Laura Verklan Armstrong.

Il est dit dans ce documentaire que *« les mini trous noirs pourraient être les vestiges du Big-bang »*. La science utilise le verbe « pouvoir » (faute de mieux) sans les preuves scientifiques. Il en est de même des propos tenus par **NEIL TYSON** du muséum d'histoire naturelle des USA : *« les trous noirs sont peut-être les embryons qui ont permis aux galaxies de se former »*, dans le documentaire scientifique « **La Voie lactée et son immense trou noir** », du réalisateur Thomas LUCAS.

Pour nous, l'existence des trous noirs serait aussi due à l'expansion exponentielle de l'univers, démontrant que l'évolution de la matière était inférieure par rapport aux taux d'expansion. Mais, ce constat n'a rien à voir avec le mot déséquilibre. C'est ce que NEIL TYSON a voulu expliquer dans la suite de ces propos sur le même documentaire en parlant du « *malaxage de la matière après le Big-bang* ».

Je sais que l'explication de l'abîme qui s'était formé avant le Big-bang va faire couler beaucoup d'encre auprès des savants. Une fois que le Modèle Cosmologique Universel sera adopté, ce mot risque de créer deux écoles. Celle du Modèle Cosmologique Universel avec trou noir et celle du Modèle Cosmologique Universel sans trou noir, c'est-à-dire, seulement avec une déformation du tissu de l'espace-temps.

3.3.1 L'abîme biblique en tant que trou noir

Pour la première école, l'abîme serait assimilé au trou noir d'avant le Big-bang dont l'Univers observable serait issu après avoir été préparé dans cet engrenage. Plusieurs savants qui tentent de raisonner sur l'avant Big-bang adoptent cette hypothèse.

En effet, dans le trou noir, il y a une force gravitationnelle à laquelle même la lumière ne peut échapper. D'où la phrase biblique : " il y avait les ténèbres (pris au sens d'obscurité) à la surface de l'abîme " [Ge 1 :2]. C'est ce qui se voit à la surface d'un trou noir cosmique.

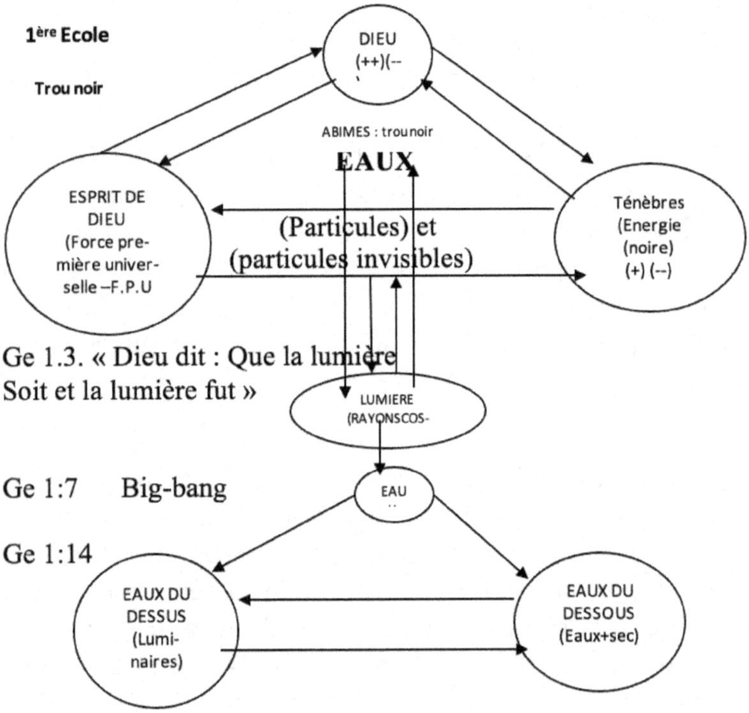

*(**Ge 1 :2-3** ... il y avait des ténèbres à la surface de l'abîme, et l'Esprit de Dieu se mouvait au-dessus des eaux. Dieu dit : Que la lumière soit ! Et la lumière fut).*

Quelles autres preuves scientifiques dans l'univers observable peuvent démontrer que les choses sont issues des trous noirs ?

– D'une part, on observe une surpopulation d'étoiles jeunes à proximité des centres galactiques. Des simulations ont montré comment elles pouvaient être produites et éjectée par les disques d'accrétion des trous noirs supermassifs.

– D'autre part, pour certains scientifiques, le mécanisme de formation principal des galaxies serait l'effondrement d'un nuage de gaz, peut-être autour des Trous noirs primordiaux.

3.3.2. L'abîme biblique en tant que déformation du tissu de l'espace

Pour la seconde école, étant donné qu'au début Moïse a qualifié l'Univers comme étant vide, du moment où les premiers éléments ont commencé à s'agglomérer, celui-ci change de statut et passe du vide infini à un trou vide infini, mais contenant quelque chose ; c'est-à-dire devenant ainsi un abîme.

Par exemple, dans un Univers vide, on ne peut parler de trou. Mais du moment où il y a de l'énergie qui commence à se condenser dans ce vide, l'Univers devient ainsi un trou qu'on appelle abîme ou une déformation du tissu de l'espace-temps selon le terme scientifique. Donc la notion de la déformation du tissu de l'espace-temps qu'on attribue à Albert Einstein est plutôt biblique. Moïse qui fut le premier à décrire le phénomène utilisa le mot abîme. Cela cadre effectivement avec la science.

Dans sa conférence scientifique « **Les formes de l'espace** » sur You tube, l'astrophysicien J.P. LUMINET dit : *« Le tissu élastique de l'espace-temps va plus être courbé aussi longtemps que la matière se trouve concentrer :*

c'est l'effondrement gravitationnel ». Voilà encore l'une des raisons qui justifient l'utilisation du mot « abîme » par Moïse.

En parlant des matières, on voit déjà très loin. Selon les ingénieurs Ruffin MPANZU KIADI BABAKA et NIMI MALONDA : « *Pour Albert Einstein dans la relativité générale, toute source d'énergie entraîne déjà une déformation locale de l'espace-temps ; la courbure de l'espace-temps est donc la manifestation de la gravitation, plus précisément une manifestation du champ gravitationnel de la source qui en est à l'origine* »

(Cfr : Ruffin MPANZU K.B. et NIMI M., Université Pédagogique Nationale [RDC] ; explication de la gravité quantique, T.P. 2017, inédit).

Exemple d'une **distorsion du tissu de l'espace-temps** ou **abime** selon la Bible tel que restituait dans le Modèle Cosmologique Universel.

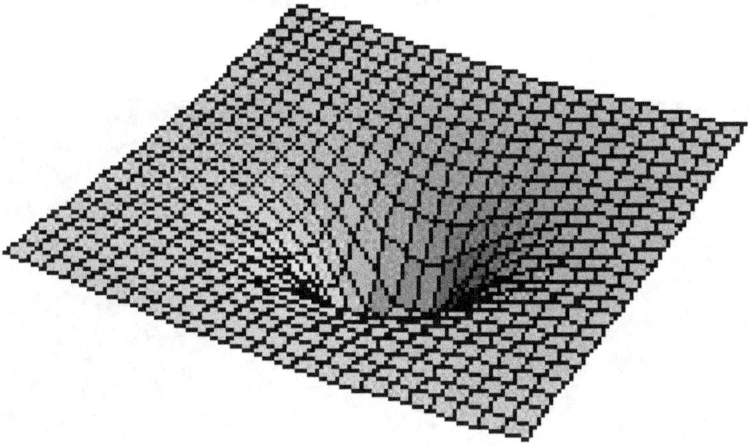

(**Ge 1 :2-3**... il y avait des ténèbres à la surface de l'abîme, et l'Esprit de Dieu se mouvait au-dessus des eaux. Dieu dit : que la lumière soit ! Et la lumière fut).

Explication schématique

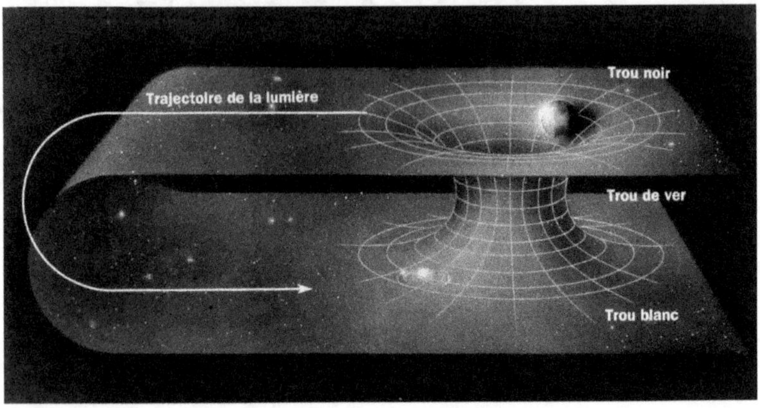

http ://maclasseenligne.fr/physique/images/trou/trou%20noir %2006.jpg

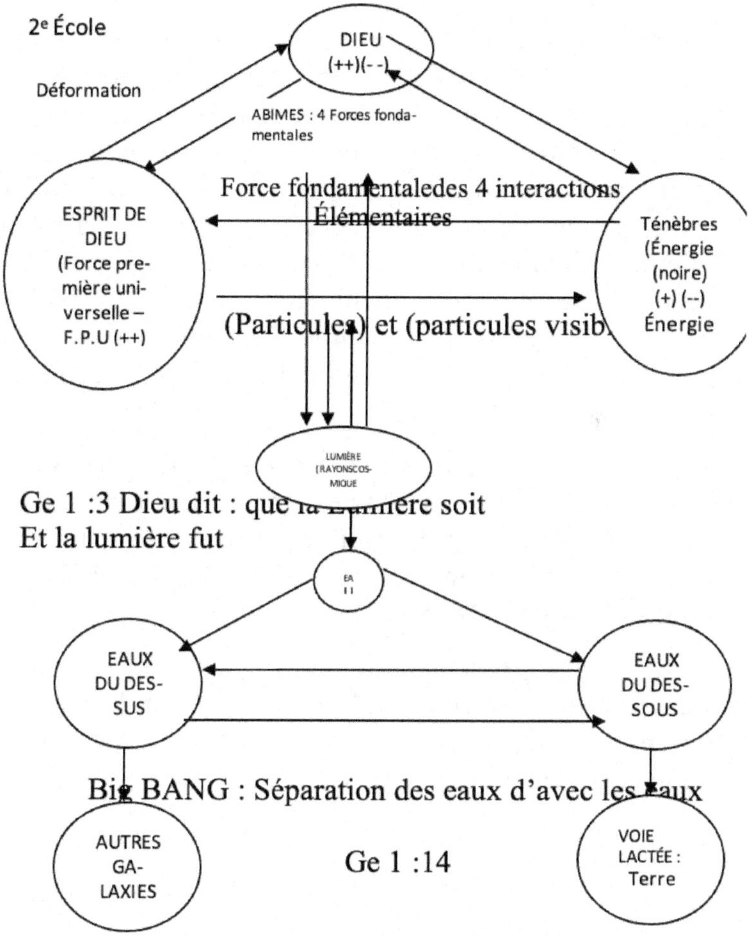

Relisons ce verset :

Ge 1 : 2 *« La terre était informe et vide : il y avait des* **ténèbres** *à la surface de l'abîme ».*

3.3.2.1. La position du Modèle Cosmologique Universel

Quelle est la position du Modèle Cosmologique Universel en ce qui concerne les deux écoles sur le mot abîme ? Nous laissons l'appréciation à la science dont les deux visions font déjà partie. En effet, la relativité générale décrit un espace-temps dynamique, en interaction avec la matière et l'énergie, alors qu'en physique quantique, l'espace-temps n'est qu'un cadre passif où se déroulent plusieurs phénomènes : ces deux visions semblent contradictoires et sont à concilier.

Nous confirmons néanmoins l'existence d'avant le Big-bang, dont les matières originelles se sont concentrées, comme en attestent encore les versets suivants :

Pr 8 : 26-28 *« Il n'avait encore fait ni la terre, ni les campagnes, ni le premier atome de la poussière du monde. Lorsqu'il disposa les cieux, j'étais là ; lorsqu'il traça un cercle à la surface de* **l'abîme**, *lorsqu'il fixa les nuages en haut, et que les sources de* **l'abîme** *jaillirent avec force »*,

Ces versets provenant d'une même source divine, résument de nouveau en détail Ge 1 :1-10 et confirment que les premières énergies en se concentrant, a creusé l'abîme dans le tissu de l'espace-temps.

https ://cdnfr2.img.sputniknews.com/images/10
3165/96/1031659637.jpg
[Pr 8 :28 *Et que les sources de l'abîme jaillirent avec force*]
ou Big-bang

Qui fut Salomon à qui l'on attribue les écrits de Proverbe ? Il fut le fils du roi David et lui succéda au trône. Il a demandé à Dieu de l'intelligence pour gouverner Israël et Dieu lui promit qu'il n'y aura personne égale à lui en matière d'intelligence et de sagesse. Lisons :

1R3 : 11 « *Et Dieu dit à Salomon : Puisque c'est là ce que tu demandes, puisque tu ne demandes pour toi ni une longue vie, ni les richesses, ni la mort de tes ennemis, et que tu demandes de l'intelligence pour exercer la justice,* **12** *voici, j'agirai selon ta parole. Je te donnerai un cœur sage et intelligent, de telle sorte qu'il n'y aura eu personne avant toi et qu'on ne verra jamais personne de semblable à toi* ».

Avec cette promesse de Dieu, on voit que les écrits de Salomon doivent de nouveau être sondés à notre temps.

MODÈLE BIBLIQUE

VISION DU ROI SALOMON		ECRITS DE MOÏSE	
Pr 8 :26	il n'avait encore fait ni la terre (COSMOS)…	Ge 1 :2	La terre était informe et Vide
Pr 8 :27	lorsqu'il disposa les cieux	Ge 1 :1	Dieu créa les cieux
Pr 8 :27	lorsqu'il traça un cercle à la surface de l'abime	Ge 1 :2	…Il y avait des ténèbres à la surface de l'abîme
Pr 8 :28	lorsqu'il fixa les nuages en haut	Ge 1 :2	l'esprit de Dieu se mouvait au-dessus des eaux
Pr 8 :28	Et que les sources de l'abîme jaillirent avec force	Ge 1 :3,7	Il sépara les eaux qui sont au-dessous de l'étendue d'avec les eaux qui sont au-dessus de l'étendue : Big-bang
Pr 8 :29	Lorsqu'il posa les fondements de la terre	Ge 1 :6-10	Dieu appela le sec terre

Les correspondances faites ici sont incompréhensibles pour les non-astrophysiciens. C'est pour dire que la compréhension de fond du chapitre premier de la Genèse devrait être réservée aux savants et comme nous l'avons dit, c'est pour cela que depuis le début de l'histoire biblique, ça n'a jamais fait l'objet d'un sermon ou d'une publication interprétative. Il a fallu que le Couple Moon apparaisse pour que le voile soit levé par la collection des livres « Les versets des savants ».

En effet, en remplaçant l'abîme par le trou noir ou par la déformation du tissu de l'espace-temps, les astrophysiciens comprennent directement ce qui est écrit en Pr 8 :26-28 ci-dessus. Confrontons ces phrases par un phénomène constaté récemment dans l'Univers pour voir s'il y a une différence, ou si la différence est due tout simplement au langage :

« *La détection d'un soubresaut constaté dans V404 Cygni s'explique par l'accumulation de matière autour du trou noir... jusqu'à atteindre un point de basculement, provoquant de soudains sursauts lumineux* ».

(Cfr : - Le 07/07/2015- Xavier Demeersman, Futura-Sciences : **V404 Cygni : quand un trou noir stellaire se réveille)**

Ge 1 :» 2...*il y avait des ténèbres à la surface de l'abîme, et l'esprit de Dieu se mouvait au-dessus des eaux* **3** *Dieu dit : Que la lumière soit ! Et la lumière fut.* »

Malaxons maintenant ces 2 phrases qui confirment tout ce que nous venons de dire concernant le comportement d'un trou noir ou abîme biblique :

ITEM	SCIENCE	BIBLE (Ge 1 :2-3)
01	L'accumulation de matière autour du trou noir.	*Il y avait des ténèbres à la surface de l'abîme*
02	La matière s'accumulant dans le trou noir jusqu'à atteindre un point de basculement	*l'esprit de Dieu se mouvait au-dessus des eaux (dans l'abîme)*
03	provoquant de soudains sursauts lumineux	*Et la lumière fut*

Pour un professeur ayant un jugement objectif, il saura que c'est le même phénomène sauf que la deuxième description (Ge 1 :2-3) est faite par un profane en langage scientifique et non en cosmologie, tandis que la première est faite par un spécialiste à la matière. Certes, pour les théologiens c'est presque du noir sur blanc, mais les savants comprennent et analysent ce qui vient d'être dit. Une manifestation racontée par deux personnes différentes, même si les phrases sont différentes, mais la compréhension de l'état sera la même. D'où ces phrases sont presque équivalentes.

En effet, une vérité peut être la même, mais la manière de l'exprimer peut-être différente selon l'intelligence des observateurs. Celui qui n'a pas assez étudier parlera de l'esprit, alors qu'un intellectuel parlera de la force ou de l'énergie pour une manifestation inconnue.

Ainsi, la compréhension de l'histoire de la création biblique est une nécessité absolue pour que les cours de l'introduction théorique à la cosmologie ou à l'astronomie et Le *Principe divin* du couple Moon fassent partie des cours dans les facultés théologiques et philosophiques confondues. Comment peut-on se considérer théologien ou philosophe sans comprendre des notions de base sur la formation de l'univers, œuvre de notre Père Céleste ? Les premières théories sur l'univers n'émanaient-elles pas des philosophes et théologiens d'antan ?

Notre souhait est que le *Principe de la création* du Rév. Dr. Sun Myung Moon devienne un cours dans les facultés des physiques, pour que l'on comprenne la source de l'énergie et son rôle dans la création. Ainsi les savants cesseront de nous chanter que c'est le « hasard de la nature », et comprendront la source de la conscience. Notez que cette branche n'a rien à voir avec une idéologie. Elle fait partie des recherches qu'à fait le Rév. Dr. Sun Myung Moon en dévoilant le plan de Dieu pour l'univers et principalement pour l'homme. Toutefois, le Rév. Dr. Sun Myung Moon a fait appel à certains versets bibliques, comme je le fais dans ce livre, pour démontrer que cela n'est pas une philosophie, mais un schéma divin.

Une fois que la source de l'énergie sera comprise dans les différentes relations de donner et recevoir comme enseignée dans le *Principe de la création* du Rév. Dr. Sun Myung Moon, la science va faire un grand bond en avant.

Un dernier argument de taille qui fait passer l'abîme biblique pour un trou noir, comme nous l'avons restitué dans la première école du Modèle Cosmologique Universel, nous le devons au physicien Italien Gabriele Veneziano ;

le Créateur, en 1968, de la théorie des cordes, En voici un extrait de son discours :

« Dans mon scénario, on part d'un Univers presque vide, très, très dilué avec des interactions très faibles entre les composants. Dans ce quasi-vide, il y a cependant des instabilités qui peuvent devenir catastrophiques et entraîner des effondrements gravitationnels comme un trou noir. Et l'Univers que nous connaissons sortirait de ce quasi-vide initial à travers ce trou noir. Pour parvenir à expliquer ce phénomène, il faut utiliser la théorie des cordes et résoudre ses équations très complexes qui impliquent un monde à 10 dimensions. Il nous faut pour cela de nouveaux résultats en mathématiques. Pour donner naissance à un Univers comme le nôtre, il faut partir d'un trou noir qui aurait au moins la dimension d'un noyau d'atome (soit 10 exposants-15 m) ». (**Gabriele Venezian**o, interview par Guy **DUPLAT**).

http ://www.lalibre.be/archive/qu-y-avait-il-avant-le-big -bang ; publié le 15/12/2005.

Cette Interview explique d'une manière très scientifique le début de l'univers selon la Bible, jusqu'à aboutir à la notion d'atome primitif du savant belge, l'abbé George Lemaitre. En extrapolant avec la Bible, nous aurons les similitudes suivantes :

ITEMS	**Gabriele Venezian**o	**Moïse** (BIBLE : Ge 1 :2)
01	*Univers presque vide*	La terre était informe et vide
02	*effondrements gravitationnels comme un trou noir*	Abîme
03	*un trou noir qui aurait au moins la dimension d'un noyau d'atome*	Un vent de Dieu se mouvait au-dessus des eaux
04	*l'Univers que nous connaissons sortirait de ce quasi-vide initial à travers ce trou noir*	Séparation des eaux d'avec les eaux (Big-bang)

À la lumière de ce qui précède, nous concluons que l'abîme biblique n'est pas un autre phénomène que la déformation du tissu de l'espace-temps, causé par la matière originelle avant sa condensation sous l'action de l'esprit de Dieu (La Force Première Universelle), qui se mouvait au-dessus des eaux (force gravitationnelle). En d'autres termes, ces versets expliquent une action physique et doivent être scientifiquement reconnus. La Bible parle d'abîme suivi de la mouvance de l'esprit de Dieu sur les éléments (eaux) qu'elle a pu rassembler et condenser en formant, selon **Gabriele Venezian**o, « *un noyau d'atome (soit 10 exposant -15 m) pour donner naissance à un Univers comme le nôtre* ».

*(***Gabriele Venezian**o, interview par **Guy DUPLAT sur** www.lalibre.be/qu-y-avait-il-avant-le-big-bang ; publié le 15/12/2005).

3.3.2.1. La formation de l'abime biblique

Nous avons dit que les trous noirs se forment par des étoiles mourantes qui s'effondre à l'extrême. Est-ce que cela veut dire que notre Univers est issu d'une étoile qui s'était effondré dans un autre univers, comme l'ont affirmé les savants de l'Institut Perimeter du Canada ou le Prix Nobel Roger Penrose dans ces univers cycliques ?

La réponse est non, car, la Bible vient de corriger tous ces conceptions à travers le Modèle Cosmologique Universel. En effet, tous les trous noirs ne viennent pas seulement des effondrements gravitationnels des étoiles. Il y a ce qu'on appelle des trous noirs supermassifs se trouvant au centre des galaxies, et dont la science vient à peine de découvrir des réponses concernant leurs formations. Cela vient de confirmer la Bible qui parle de l'existence d'un abîme aux origines de l'univers dans l'Avant big-bang.

La formation de cet abîme biblique a suivi les mêmes processus que les astrophysiciens viennent de découvrir pour la formation des trous noirs super massifs. Alors suivons leurs déductions tel que nous l'avons découvert dans le Magazine « SCIENCE&VIE » n° 1263 décembre 2022 dans l'article qui s'intitule : « la nouvelle histoire des trous noirs supermassifs » de Benoit Rey. Dans cette article, l'auteur parle de ce qui s'est passé dans l'Après Big-bang, mais, nous nous lui disons que c'est le même scénario aussi qui s'est déroulé aussi dans l'Avant Big-bang au moment où, il n'y avait que le chaos.

Donc, l'abime ou le premier trou noir d'avant Big-bang aurait émergé spontanément sans passer par le stade « étoile ». Bibliquement, au départ l'univers était vide représenté par une terre invisible et vide, avec une énergie qui se mouvait sur les particules représentées par le verset « un esprit de Dieu se mouvait sur les eaux ». Avec le temps, ces particules, appelés eaux bibliquement, sont attiré par une sorte des toiles cosmiques tout en se contractants dans un axe. Au cœur de cette toile, règne l'enfer car, c'est là que s'accumulait tout ce qui était déversées. Il y eut un effondrement dont la température monte soudainement en flèche et enclenche une sorte des réactions thermonucléaire forma une sorte de protoétoile. C'est par là d'ailleurs que la phrase biblique a suivi à savoir « que la lumière soit, et la lumière fit ». Le nom de Dieu n'a été évoqué pour démontrer que le processus faisait partie de son plan.

A la suite de temps, tout fut condensé forma ce que le Physicien Belge, l'Abbé Georges Lemaitre a qualifié de l'atome primitif et la science de l'univers condensé. La Bible a toujours maintenu le nom « eaux » par manque des termes scientifiques à l'époque. Ainsi, après la condensation extrême qui a permis à tous les extrémités de bénéficier d'une même température, il y eut Big-bang, qualifié par la Bible de la « Séparation des eaux d'avec les eaux » au second jour biblique ou à la seconde période de l'univers.

Ainsi, par rapport aux trous noirs qui se forment après l'effondrement des étoiles, ici, il s'agit de l'axe où les matières originelles se sont concentrées ; ce que la science qualifie de la condensation de l'Univers, devenant dense, creusant la première déformation du tissu de l'espace-temps, selon l'appellation du grand savant Albert EINSTEIN. En rapport avec les versets bibliques, *« La terre était informe et vide ; il y avait des ténèbres à la surface de l'abîme, et l'Esprit de Dieu se mouvait au-dessus des eaux »*, on comprend que l'univers avait bel et bien un axe et c'est là que se trouvait l'abîme.

3.3.3 Les preuves scientifiques de l'abime Biblique comme trou noir

Ge 1 : 2-3 « *La terre était informe et* **vide** *: il y avait des ténèbres à la surface de l'abîme...Dieu dit : que la lumière soit ! Et la lumière fut* ».

Comme nous l'avons dit au départ, l'abîme est défini, selon le glossaire de Free Bible, comme *« un Monde mystérieux de l'océan primitif, lieu des ténèbres et des puissances mauvaises, de la détresse et de la perdition."*

Si un tel lieu s'est retrouvé dans l'espace au tout début de l'univers, quel nom lui donnerions-nous aujourd'hui ? Un trou noir. Et si 1.500 ans avant Jésus Christ, quelqu'un voulait parler de quelque chose dans l'espace, sachant que si on dépasse son horizon, ce que les scientifiques appellent la singularité du trou noir, on est perdu pour toujours et, en plus on ne connait pas les phénomènes mystérieux qui se déroulent à l'intérieur, quel nom utilisera-t-il, sinon ? Abîme.

Même jusqu'à ce jour, la science ne sait pas expliquer ce qui se passe à l'intérieur d'un trou noir. Le savant **Stephen Hawking** a expliqué au moins par des termes scientifiques très compliqués d'où émanait la lumière qu'on pouvait constater à sa surface. Cette Lumière baptisée « Rayonnement de Hawking » ne provenait pas de la profondeur du trou noir.

(Cfr : lemonde.fr, *ce que les travaux de Stephen Hawking ont apporté à la physique, par Gary Dagorn, le14.03.2018).*

Si celui qui a écrit la Bible était inconscient des phénomènes célestes, il devrait parler d'un trou, mais sachant que c'est un trou avec des phénomènes actifs et mystérieux à l'intérieur, il parla de l'abîme. Il a fallu attendre 1967 pour que le physicien américain John Wheeler qualifie ce genre des phénomènes de trous noirs, pour décrire une concentration de masse/énergie si compacte que même les photons **(la lumière)** ne peuvent se soustraire à sa force gravitationnelle. C'est ce qui fut considéré en l'an 1.500 av. J-C., comme un » **Monde mystérieux, lieu des ténèbres et des puissances mauvaise**s, de la détresse et de la perdition », qui répond à la définition de l'abîme.

J'ai découvert plusieurs articles témoignant que le Big-bang est issu d'un trou noir. Même si je ne partage pas ce que leurs auteurs disent sur ce qui s'est passé avant, mais, du moins, ils confirment ma restitution scientifique du schéma de la création biblique selon laquelle l'abîme est assimilé à un trou noir. Le dernier article que j'ai découvert était apparu dans une revue scientifique américaine.

L'intégralité des commentaires qui suivent pourrait être lue dans : https ://ingeniumcanada.org/innovation/fr/recit/un-trou-noir-lorigir

En effet, selon une hypothèse de trois chercheurs de

l'Institut Périmètre du Canada, publiée dans la revue « Scientic American », notre univers pourrait avoir émergé d'un trou noir contenu dans un univers ayant un plus grand nombre de dimensions. Cette idée, selon la revue, est fondée sur des mathématiques solides, et vérifiables.

(Cfr :The Black Hole at the beginning of Time [le trou noir à l'origine du temps]).

Ces trois chercheurs ci-après, sans le savoir, ont confirmé scientifiquement par leurs recherches, le schéma biblique de la création. Il s'agit de **Niayesh Afshordi**, professeur associé à l'Institut Périmètre, **Robert Mann**, membre affilié de l'Institut Périmètre et professeur à l'Université de Waterloo, ainsi que la doctorante **Razieh Pourhasan**. N'eût été ma restitution scientifique du schéma de la création biblique, ils n'auraient jamais su la vraie importance de leur contribution pour le Modèle Cosmologique Universel.

Selon leur scénario, notre univers est né lorsqu'une étoile d'un univers quadridimensionnel s'est effondrée pour devenir un trou noir (abîme biblique). Pour eux, notre univers n'a jamais été à l'intérieur d'une singularité ; il est plutôt né à l'extérieur d'un horizon des événements, protégé de la singularité. Il a constitué – et demeure – une caractéristique de l'épave résultant de l'implosion d'une étoile à quatre dimensions.

Toujours les mêmes articles, leur modèle semble résoudre des problèmes cosmologiques de longue date et – ce qui est crucial – il produit des prédictions vérifiables.

J'espère avoir déjà dit que la compréhension de l'abîme biblique est très cruciale pour comprendre comment l'univers est né. Ces scientifiques m'ont rejoint. Ce qui est bien, ce que ces auteurs reconnaissent leur limite, et cela à travers le paragraphe suivant :

« *Nous n'avons aucune notion de ce à quoi un univers quadridimensionnel pourrait ressembler. Et nous ne savons pas comment un tel univers « parent » est apparu. Mais, de l'avis des chercheurs, nos intuitions humaines faillibles relèvent d'un monde tridimensionnel qui pourrait ne révéler que l'ombre de la réalité* ».

(Cfr : https ://ingeniumcanada.org/innovation/fr/recit /un-trou-noir-lorigine-de-lunivers).

Pour eux, c'est une étoile dans un univers tridimensionnel qui s'est effondré, devenant un trou noir. Or, pour qu'une étoile s'effondre, souvent il passe par un phénomène dénommé super nova où elle émet une très grande lumière. La Bible aussi a décrit ce phénomène dans l'avant Big-bang par le verset « Dieu dit que la lumière soit et la lumière fut ».

3.3.3.1. La photographie d'un trou noir confirme l'Abîme biblique

Les trous noirs sont localisés actuellement dans l'espace. Les ténèbres qui y règnent (*il y avait des* **ténèbre**s *à la surface de* **l'abîme)** posent un problème pour leur localisation par les télescopes. Pour mes lecteurs, je n'ai pu l'expliquer qu'à travers certains phénomènes qui se déroulent sous nos yeux, c'est-à-dire sur la terre. Toutefois, récemment, les membres de la collaboration Event Horizon Telescope(EHT) viennent en effet de révéler la première image de l'aspect d'un trou noir et qui correspond effectivement à ce que la Bible dit : « *...Il y avait des* **ténèbres** *à la surface de l'***abîme**... *Dieu dit : que la lumière soit ! Et la* **lumière** *fut* » (Ge 1 :2-3).

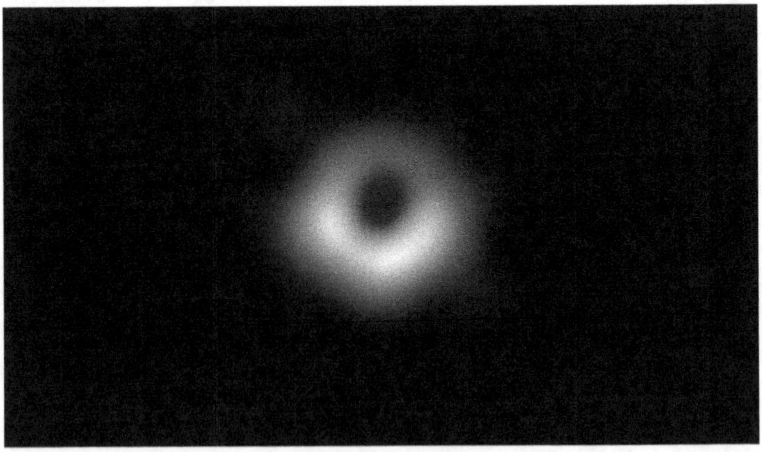

« Les astrophysiciens ont obtenu la première image d'un trou noir en utilisant les observations du télescope Event Horizon du centre de la galaxie M87. L'image montre un anneau lumineux formé par la lumière qui se courbe de manière intense autour d'un trou noir 6,5 milliards de fois plus massif que le Soleil ».
(Cfr : futura-sciences.com/sciences/univers-premiere-image-trou-noir-supermassif, Laurent SACCO, le 13/04/2019).

Entouré par la lumière, le trou noir se présente à son milieu comme un gouffre ténébreux ou abime comme décrite dans la Bible (il y avait des ténèbres à la surface de l'abîme). Puis vint la lumière créée par l'accrétion et l'éjection des matières (Et la lumière fut) et à l'extérieur du disque de la lumière, c'est l'image de l'univers primitif avant que l'abîme ne se forme (la terre était informe et vide) (Ge 1 :2-3).

Lisons pour cela un commentaire tiré du site Quora concernant le comportement du trou noir actuel. Ce commentaire répond aussi à la question de mes lecteurs :

« Pourquoi peut-on être sûr qu'il y a un trou noir dans la photo ? » On voit très nettement un disque d'accrétion (un disque de matière en rotation) en train de "tomber" vers un corps massif émettant de violentes radiations, qui arrivent à s'échapper parce que cette matière n'est pas encore au-delà de l'horizon des événements du trou noir. Elle est encore "trop éloignée" du centre du trou noir. Normalement, un tel disque ne se formerait qu'autour d'un corps super massif, suffisamment massif pour être en fusion et donc émettre de la lumière… Mais au centre de la photo, on n'a justement pas assez de lumière pour qu'il s'agisse d'une étoile. Il doit donc s'agir d'un corps super massif, alimenté en matière fraîche, n'émettant aucune lumière… Un trou noir quoi ! »

(Cfr : Quora.com, suis-**je le seul à penser qu'une photo d'un trou noir est un peu... impossible ? Réponse de**Chiadai Fouché, Professeur agrégé de Mathématiques chez Éducation nationale, le 05/05/2019).

Étant le premier à soutenir que l'abime biblique était un trou noir, imaginez ma joie d'être aussi le premier dans l'univers à découvrir que les photos prises en 2019 par le télescope Event Horizon sur le trou noir confirment les écrits qui datent de1500 ans Av. J-C. sur les origines de l'univers. Noter que l'accrétion des matières originelles dans le gouffre (abîme) du trou noir est décrite par le verset biblique « *il y avait des ténèbres à la surface de l'abîme, et un vent de Dieu se mouvait au-dessus des eaux* » (Ge 1 :2), c'est-à-dire à l'intérieur.

Alors, l'Univers est-il issu d'un trou noir (abîme) ?

L'Univers n'est pas issu du trou noir, mais une sorte de trou noir s'est formé pendant qu'il se contracté dans la période d'Avant Big-bang.

Pour la science, c'est un nouveau débat qui vient de s'ouvrir et qui risque de tout bouleverser et donner raison au Modèle Cosmologique Universel. En tout cas la Bible n'a rien négligé sur les composantes d'un trou noir (abîme) au tout début de l'univers comme nous pouvons le lire dans ce communiqué de Presse de l'Université de Genève :

« *Lorsqu'un trou noir se crée, il émet pendant un bref instant une gigantesque bouffée de lumière très énergétique sous forme de rayons gamma, nommée sursaut gamma. Ce phénomène comprend tous les plus grands mystères de la physique actuelle...* » (Cfr : Aurélie KUNTSCHEN, le 15/01/2019).

Cette description scientifique explique le mieux le verset ci-dessous :

Ge 1 :2-3» ... *il y avait des ténèbres à la surface de l'abîme, et l'Esprit de Dieu se mouvait au-dessus des eaux. Dieu dit : que la lumière soit ! Et la lumière fut* ».

Dans la photo ci-dessus prise par l'équipe d'Event Horizon du centre de la galaxie M87, nous avons en illustration comme composante et qui se retrouve dans Ge 1 :2-3 :

« Lorsque la matière tombe vers le trou noir, elle forme un disque tourbillonnant qui émet une lumière visible et ultraviolette. Cette lumière, à son tour réchauffe les électrons à proximité, générant des rayons X ».
(Cfr : trustmyscience.com/quasars-revelent-nouvelles-informations-histoire-expansion-univers par Thomas Boisson, 31/01/2019).

1) Terre informe et vide (Univers primitif)

2) La lumière (rayon d'Hawking) ou sortie d'information.

3) « *Les ténèbres à la surface de l'abîme où un vent de Dieu se mouvait sur les eaux* » (matières originelles), connut scientifiquement sous le nom de l'horizon du trou noir

4) Ci-dessous, phénomène non encore photographié et qui vient après : *Et la lumière fut ou sursaut gamma ; entrainant aussi l'éjection des matières*

Et, la lumière fut.
https ://cdnfr2.img.sputniknews.com/images/103165/96/1031659637.jpg

Pr 8 :28 « *Et que les sources de l'abîme jaillirent avec force* » ou Big-bang.

Tout ce qui vient d'être démontré ici comme preuve scientifique d'un abîme au début de l'univers rejoint la description faite par Albert Einstein en parlant de la distorsion spatio-temporelle engendrée par les champs gravitationnels.

Selon Albert Einstein, la matière crée une distorsion dans l'espace-temps, générant ainsi comme le dit la Bible un abime. Par là nous comprenons que la notion de la distorsion du tissu de l'espace formant l'abîme est biblique. Si tel est le cas, cela voudra aussi dire que jusqu'à ce jour nous évoluons toujours dans cet abîme qu'on appelle Univers. D'où la question que s'est posée l'astrophysicien Français David ELBAZ : « **Habitons-nous un trou noir ? Et pourquoi devrons-nous, nous en soucier** » ?

(Conférence à suivre sur le site web des Rencontres du Ciel et de l'espace, Paris 2016).

Qui peut encore affirmer aujourd'hui que le schéma biblique de la création était un conte et un mythe ? Qui peut penser à un tel schéma scientifique à 1500 ans av. J.C. ?

Il faut aussi souligner qu'en ce qui concerne les prédictions, une description littérale offre toujours certaines différences des concordances avec la réalité. Si, on l'accepte pour les savants, pourquoi l'on ne devrait pas pour celui qui n'avait pas de connaissances du langage scientifique actuel ? Je pourrais même conclure que Moïse n'a pas décrit un schéma scientifique, mais une réalité. C'est l'introduction des variables et des paramètres, et sa restitution dans le Modèle Cosmologique Universel qui le rend scientifique.

3.4. L'esprit de Dieu ou un vent de Dieu

Ge 1 : 2 *La terre était informe et vide : il y avait des ténèbres à la surface de l'abîme, et l'esprit de Dieu se mouvait au-dessus des eaux ».*

Ge 1 :2 » ...l'esprit de Dieu *se mouvait au-dessus* **des eaux » (Version Louis Segond)**

Ge 1 :2 » ...un vent de Dieu *se mouvait au-dessus* **des eaux » (Version Jérusalem)**

Parler de l'énergie et de son origine fait partie de l'un des points le plus difficile à démontrer même en science. C'est ce qui fait d'Albert Einstein un savant de référence par sa fameuse formule **E = mc2** *(lire « E* égale *mc* carré *»).* Cette formule couvre une partie de la religion. Ce point traitant de l'esprit de Dieu va devoir unifier désormais la religion et la science, mais c'est un cheminement.

L'étude approfondie du *Principe de la création*, branche du Principe divin du Rév. Dr. Sun Myung Moon s'impose pour cela. Ici, nous ne parlerons que de ce qui est apparent et ne peut étayer la soif des savants parce que nous ne voulons pas entrer davantage dans l'extension.

Moïse par les écrits bibliques nous enseigne que pour qu'on arrive au Big-bang, il y a eu des phénomènes physiques dont seules les énergies pouvaient fusionner (ceci est étudié dans la gravitation quantique ou mécanique quantique, science qui étudie comment la matière est apparue à partir du vide).

Ainsi, avant l'apparition du monde matériel ou l'avant Big-bang, il y a eu la présence de plusieurs énergies émettant des rayonnements puissants ayant entraîné, sous la mouvance de l'esprit de Dieu, la collision des particules originelles (ou eaux selon la Bible), jusqu'à aboutir à quelque chose dégageant une forte chaleur.

Ce paragraphe peut être compris par cette citation scientifique :

« La collision entre un rayon gamma de haute énergie et la lumière infrarouge, par exemple, transforme l'énergie en une paire de particules : un électron, *et son homologue d'antimatière, un positron. Le même processus se produit lorsque les rayons gamma à moyenne énergie interagissent avec la lumière visible et que les rayons gamma à basse énergie interagissent avec la lumière ultraviolette* ».

(Cfr : trustmyscience.com/telescope-fermi-retrace-histoire-rayonnement-stellaire-dans-univers/par Thomas Boisson, le 30/11/2018).

Pour être bien comprise par mes lecteurs, le plasma d'après une symbiose des différents articles, est un gaz (nom inapproprié) très chaud c'est-à-dire qu'il se forme à des températures extrêmement élevées. Arrivées à ce stade, les particules s'entrechoquent si violemment qu'ils se brisent jusqu'à former un immense brouillard lumineux qui devait remplir au départ la bulle de l'avant Big-bang. Et vu de loin comme nous l'avons dit, cela ne peut ressembler qu'au magma volcanique. D'où l'utilisation du mot " eaux " par Moïse qui voulait dire à cette époque-là, quelque chose qui ressemble à un liquide.

Tout d'abord dans la phrase suivante, nous comprenons directement que la Bible parle de l'Univers primitif :

Ge 1 :2 « La *terre était informe et vide : il y avait des ténèbres à la surface de l'abîme, et* **l'esprit de Dieu** *se mouvait au-dessus* **des eaux** »,

Dieu lui-même est Esprit. En parlant de " l'esprit de Dieu ", Moïse voulait dire quelque chose qui émane de Dieu. Avant les enseignements du Rév. Dr. Sun Myung Moon contenus dans le *Principe* divin, les religieux ne connaissaient de Dieu que ses attributs (omnipotent, omniprésent, omniscient, etc..). Dieu étant Esprit, en Lui il y a la cause de tous les esprits. Cet Esprit de Dieu dont Moïse parle et qui se mouvait au-dessus des eaux n'est que l'effet d'Esprit Premier Universel de Dieu.

Ceci, comme je l'ai dit, est expliqué dans le livre de Principe de la création du Rév. Dr. Sun Myung Moon. Il fut le premier à en déceler le mystère et le baptisa sous le nom de L'Énergie Première Universelle (EPU). Il l'explique en tant qu'incarnation de la Parole et comment il s'opère scientifiquement dans la création.

Dans le verset ci-dessus (Ge 1 : 2), nous voyons que l'esprit de Dieu était en action au-dessus des eaux. C'est la traduction qui a fait que les lecteurs de la Bible pensent qu'il y avait de l'eau au-dessous et l'esprit ou un vent de Dieu au-dessus de celle-ci. L'esprit dans ce contexte est une force invisible qui s'exerçait sur les particules originelles dans un univers vide. Les termes scientifiques actuellement sont la force gravitationnelle ou super-force. Les eaux ici représentent une forme de la matière originelle que les savants cherchent à découvrir comme nous l'avons dit.

Nous comprenons directement que l'Esprit de Dieu représente l'Energie Première qui était en action et qui a entrainé la première condensation de l'Univers. Par défaut de nom par la science, nous appelons cette force de mouvance sur la matière originelle du nom que le Rév. Dr. Sun Myung Moon a eu à utiliser, à savoir, " la Force Première Universelle ", générée par l'Énergie Première Universelle qui est en Dieu et demandons au monde scientifique de l'adopter afin de l'immortaliser scientifiquement. Est-ce un cadeau ? Non.

En effet, dans son souci d'expliquer Dieu et l'Univers aux intellectuels par des mots qu'ils peuvent comprendre et non plus des paraboles d'il y a 2.000 ans, le Rév. Dr. Sun Myung Moon dut faire spécialement les études d'ingénierie au Japon. Nous en avons déjà parlé.

Ainsi, l'Énergie Première Universelle est l'énergie fondamentale de Dieu dotée dans les particules. En Dieu, tous les attributs, appelés caractéristiques duales, se trouvent unis. Projetés par Dieu et séparés, ils ont tendance à revenir à l'unité. Elle peut être positive (masculinité) ou négative (féminité), ce qui crée la force d'attraction entre deux corps de mêmes natures, mais opposés (Loi de Coulomb ou de la dualité qui n'est autre qu'une loi naturelle dont l'origine se trouve en Dieu).

Cette force se manifestant au sein de Dieu, assurant son éternité, et au sein des particules pour leur liaison, est baptisée par le Rév. Dr. Sun Myung Moon qui en fut la découverte, de la force Première Universelle. Elle est non quantifiable et est différente de l'énergie potentielle ou cinétique qui nécessite une certaine force extérieure avant de se manifester.

L'attirance liée au cœur (par manque du vrai nom) d'un mâle face à une femelle qu'on appelle « amour » est liée à cette énergie et ne peut être soignée médicalement, ni calculée dans un laboratoire.

Le Rév. Dr. Sun Myung Moon fut le premier religieux à l'époque contemporaine, à expliquer l'éternité, la puissance et l'omniprésence de Dieu, ainsi que l'éternité de l'Univers à partir de simple particule jusqu'aux êtres vivants, sous forme d'énergie. Cela le fait aussi entrer scientifiquement dans le rang des super savants, car désormais ces écrits vont transiter le domaine religieux pour joindre le domaine physique et feront désormais l'objet d'étude.

Nous avons dit que, dans chaque être, on retrouve l'énergie de Dieu appelé " l'énergie première universelle « qui, par la Force Première Universelle générée par l'action interne de donner et recevoir, permet à l'entité d'exister et d'être actif. Le tout, formant une énergie qui a son correspondant quantifiable dans la masse.

L'esprit de Dieu ou un « vent de Dieu » dans la Bible version Jérusalem, c'est l'énergie qui a permis de mettre en action la matière : (" l'esprit de Dieu " se mouvait au-dessus " des eaux ") que nous appelons la Force Première Universelle (FPU). En effet, ce n'est pas le Rév. Dr. Sun

Myung Moon qui a dit directement que l'Esprit de Dieu auquel on fait allusion en Ge 1 : 2 est la Force Première universelle. Mais c'est sur base de son enseignement que Nous sommes arrivés à cette déduction et que j'en porte la responsabilité.

Ainsi, compte tenu de la curiosité des savants qui veulent connaître un peu plus sur cette appellation, nous exposons ici quelques extraits tirés du Livre de Principe divin du Rév. Dr. Sun Myung Moon, pour ne pas ternir les contenues par nos synthèses, étant donné la complexité de la matière :

« *Dieu, le Créateur de toutes choses, est la réalité absolue, éternelle, existante par elle-même, transcendant le temps et l'espace. L'énergie fondamentale de Dieu est aussi absolue, éternelle, et existante par elle-même.* **Elle est l'origine des énergies** *et de* **forces qui permettent aux êtres créés d'exister**. *Nous appelons cette énergie fondamentale* **l'énergie première universelle**...*grâce à l'action de* **l'énergie première universelle**, *les éléments sujets et objets de chaque entité forment une base commune et entrent en interaction. Cette relation génère à son tour toutes les forces dont l'entité a besoin pour l'existence, la multiplication et l'action. L'interaction qui génère ainsi ces forces est appelée* **action de donner et recevoir** ».

(Cfr : Présentation du Principe divin : Pp 29-47, éd. Culture et Paix, Paris).

Pour la science, par « sujet » il faut entendre » positive » et par « objet », « négative ». C'est ainsi que nous retrouvons en commun, selon l'exposé ci-dessus auquel je vous renvoie, que chaque chose créée par Dieu, de l'atome aux corps composés, a son correspondant positif ou négatif, afin de produire un résultat multiplicatif, plutôt qu'une inertie ou un anéantissement, comme nous pouvons encore le lire dans le même livre :

« Nous *découvrons ainsi dans toute la création* (Univers pour les scientifiques*) qu'il existe une relation réciproque entre la positivité et la négativité. Par exemple, les atomes sont formés à partir de la relation réciproque entre éléments positifs et négatifs. Les atomes eux-mêmes ont des caractéristiques positives et négatives. Sur la base de telles caractéristiques, deux ou plusieurs atomes entretiennent une relation réciproque, formant des molécules. Les plantes contiennent des éléments mâles et femelles. De même, la plupart des animaux se reproduisent par relation entre mâle et femelle .Toutes les plantes et tous les animaux existent et se renouvellent en vertu de myriades de relations intérieures et extérieures interdépendantes d'éléments positifs et négatifs...Le fait que la création est composée de caractéristiques duales de positivité et de négativité signifie que Dieu lui-même, qui est la cause première de toutes choses, est l'origine des caractéristiques duales de positivité et de négativité* ».

(Cfr : le Principe divin, niveau 4, p.11).

À travers ces écrits du *Principe de la création*, branche du Principe divin, nous comprenons que dans la phrase " l'esprit de Dieu se mouvait dans les eaux", il s'agit d'une force sur la matière d'avant Big-bang jusqu'a produire après une longue période de la lumière, que nous appelons selon son correspondant à la science actuelle de rayonnement (Et, la lumière fut). Après ce rayonnement qui, avons-nous dit, a marqué l'étape finale de l'avant Big-bang. Le Big-bang a dû se produire après comme nous pouvons le lire dans cette affirmation scientifique :

« *La valeur maximale de la force de gravitation a été atteinte au moment du Big-bang, c'est-à-dire à la création de l'univers, où toute la matière était concentrée en un point et où le temps n'existait pas. C'est au moment de cette libération d'énergie et de lumière que le temps est apparu* ».

(Cfr : Claude Sarrailh, Le secret de la vie, éd. Librinova, 2018, P.15).

Sans commenter l'idée de l'auteur, dont j'ignore l'avis concernant l'avant Big-bang, en affirmant que la valeur » maximale de la force de la gravitation avait été atteinte au moment du Big-bang », on voit directement qu'il y a eu effectivement un avant Big-bang mouvementé comme le confirme le verset biblique « *un vent de Dieu ou un esprit de Dieu se mouvait sur les eaux* » (Ge 1.2).

Cet esprit de Dieu, issu de l'énergie appelée Force Première Universelle par le Rév. Dr. Sun Myung Moon, contribue à la dynamique de l'univers comme la force fondamentale des créatures en tant qu'une force interne. Nous la retrouvons bibliquement quand Dieu a créé l'homme en disant dans le verset : « *Dieu souffla dans ses narines et l'homme devint un être vivant* » (Ge 2 : 7).

Entre deux entités séparées, cela prend différentes appellations telles que gravitation, magnétisme, et toutes les lois d'attraction et de répulsion connues par la science. À l'échelle de l'univers, nous le retrouvons aussi dans la théorie de l'unification des forces.

3.4.1 L'esprit de Dieu ou l'énergie première

Dans la Bible version Jérusalem, à la place de parler de « l'esprit de Dieu sur les eaux (la matière originelle), on parle plutôt de " vent de Dieu sur les eaux » (Ge 1 :2). Cela veut dire que cette énergie s'est retrouvée aussi diluée dans la matière en tant qu'énergie dont son correspondant physique est confirmé en partie par la fameuse formule d'Albert Einstein d'**E = mc2**

[*L'*équation **E = mc2** *(lire « E* égale *mc* carré *») a été exprimée en* 1905 *par* Einstein dans *le cadre de la* relativité restreinte. *Elle signifie qu'une particule de* masse m, *isolée et* *au repos dans un* référentiel *possède, du fait de cette masse, une énergie* **E** *appelée* énergie de masse, *de valeur donnée par le produit de* **m** *par le* **carré** *de la* vitesse de la lumière].

Ainsi, les savants en sont arrivés à la conclusion que l'énergie ne peut pas être créée ni détruite. Elle passe seulement d'une forme à l'autre et que, tout dans l'univers est fait d'énergie.

Scientifiquement, le Rév. Dr. Sun Myung Moon l'explique dans les phrases du Principe de la création, branche du Principe divin, comme étant l'Énergie que Dieu dote à chaque être créé. Ceci, afin d'amorcer en son sein des actions de donner et recevoir entre les éléments positifs et les éléments négatifs pour sa survie (but individuel) et pour la multiplication (but d'ensemble). C'est grâce à cette Énergie Première Universelle dans la matière que nous disons que tout a été créé par Dieu et que tout est contrôlé par ces lois, tel que nous pouvons le lire dans les citations suivantes :

« La Force Première Universelle; c'est la force fondamentale de Dieu, le Créateur. C'est aussi la force fondamentale de la création, la force dont Dieu dote chaque être ou chaque corps individuel de vérité lorsqu'il est créé comme objet substantiel de Dieu... La Force Première universelle a son origine en Dieu et constitue la force que Dieu projette en chaque être au moment de sa création ». (Principe divin, Niveau 4, p18-20).

Chaque particule possède en soi l'Énergie première universelle qui est la manifestation de la présence de Dieu. Une fois entrées en action au sein de lui-même ou avec une autre particule, leurs énergies génèrent la Force Première Universelle. Comme au sein de chaque atome on retrouve les protons et les électrons, nous pouvons dire que la Force première universelle se trouve et se déroule au sein de chaque être lui permettant d'exister comme nous pouvons de nouveau la lire :

« *Grâce à la Force Première Universelle, l'action de donner et recevoir est dirigée par un but d'unification et, grâce à ses relations organiques réciproques, engendre les forces nécessaires à l'existence, à la reproduction et à l'action de choses, de la plus petite à la plus grande* » (Principe divin, Niveau 4, p 21).

Cette loi émanant du Rév. Dr. Sun Myung Moon, à laquelle je m'aligne, détruit la pensée scientifique, selon laquelle toutes les énergies qui nous entourent, ont pris naissance lors du Big-bang selon le Modèle standard. Or, en développant scientifiquement les phrases bibliques, nous découvrons que sans énergie au départ, le Big-bang lui-même ne pourrait avoir lieu.

D'ailleurs, avant le Big-bang dont la science ne sait pas d'où est venu l'énergie qui a provoqué l'expansion de l'Univers condensé, la Bible a désigné de nouveau une énergie divine ou un esprit de Dieu par les termes : « Dieu dit : séparons les eaux d'avec les eaux ».

Ainsi, toutes lois naturelles en physique et en chimie portant les noms des hommes ne sont que des constatations ou des découvertes et non des créations. Par exemple, ce n'est pas la chimie (l'homme) qui a créé l'eau en unissant l'hydrogène avec l'oxygène. Mais pour que les actions puissent être amorcées à partir de l'intérieur de leur noyau, il a fallu l'Énergie Première Universelle. Nous pouvons le schématiser de la manière suivante :

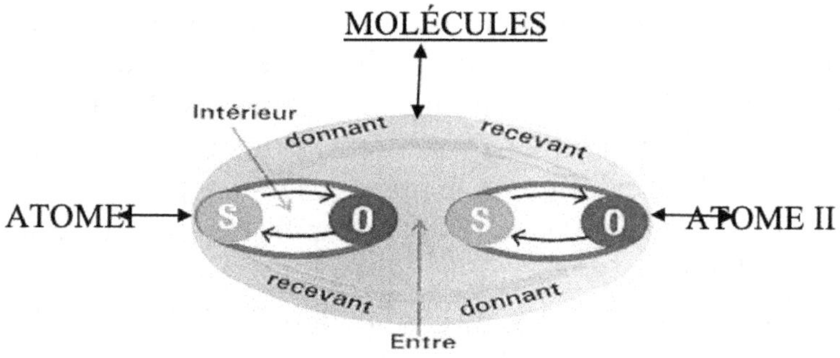

Source : *Principe divin*, niveau 4, p.20

Selon le principe de la création, tel que schématisé ci-dessus, les atomes sont formés à partir de la relation réciproque entre les éléments positifs (S ou sujet) et les éléments négatifs (O ou objet). Au sein de chaque élément Sujet et Objet, on retrouve la même dualité, possédant chacune l'énergie première universelle, qui est en action en son sein et qui permet à l'entité de se maintenir et s'unir avec son partenaire. Cette force de maintien au sein de l'entité s'appelle la Force Première Universelle.

Ensuite, ces deux entités S et O sur base de la Force Première Universelle en leur sein, entretiendront une relation réciproque, formant un atome. La force qui conduit à cette formation d'atomes s'appelle la force de l'action de donner et recevoir. Et enfin c'est cette dernière force qui conduit les atomes à s'unir entre eux pour former les molécules et ces derniers, sur la même force, à former les éléments composés ou complets.

Ainsi, la Force Première Universelle, générant des relations de donner et recevoir entre particules, nous pousse à attribuer toute création à Dieu. Ainsi, on comprend pourquoi tout ce qui est issu d'avant Big-bang reste des énigmes pour la science et accompagne l'univers jusqu'à son destin tel que les ténèbres (énergie noire), l'esprit de Dieu (Énergie Première Universelle) et la lumière (rayonnement cosmique). Le tout contenu en un jour biblique de la création ou le premier jour.

Nous constatons que par rapport aux principes scientifiques en vigueur, le Principe de la création entre beaucoup plus en profondeur pour expliquer les forces qui animent les particules dont la mécanique quantique constate les effets actuellement.

3.5. L'eau

3.5.1. L'utilisation du mot « eau » par Moïse

Ge 1 :2 « *La terre était informe et vide : il y avait des ténèbres à la surface de l'abîme, et l'esprit de Dieu se mouvait au-dessus* **des eaux** ».

Scientifiquement, la matière d'avant Big-bang qualifié des eaux dans la Bible, après avoir connu une condensation à l'extrême, sa température avait augmenté jusqu'à faire jaillir la première lumière (Dieu dit que la lumière soit...), puis survint le Big-bang qui signifie explosion des matières primitives ou extension de L'Univers. Quelques secondes après selon le Modèle standard, l'hydrogène se forma et 380.000 ans plus tard, la réapparition de la lumière marqua le processus de la formation de la première étoile où se déroulera la nucléosynthèse c'est-à-dire la chaine des formations des éléments lourds par la fusion des éléments légers.

L'uniformité des éléments contenus dans les galaxies montre la véracité biblique d'avoir qualifié les particules d'origine à la formation de tout ce que nous voyons aujourd'hui, y compris l'homme, de l'eau. En plus, l'utilisation du nom " eaux " par Moïse est dite au fait que la matière originelle, partout où il se trouve projeter dans l'Univers se migrent plus facilement en liquide ou gaz. C'est ce qui justifie qu'on le retrouve presque partout sous l'une de ces deux formes.

En plus, si aujourd'hui, on voulait donner un nom en utilisant un composé chimique ou une structure physique pour décrire l'univers, la réponse sera tout simplement « hydro », c'est-à-dire eau.

Selon la Bible, la matière originelle qualifiée des « eaux » a traversé trois phases :

– Avant Big-bang : l'esprit de Dieu se mouvait sur les **eaux** ;

– Au Big-bang : **Séparation** des eaux d'avec les eaux ;

– Après Big-bang : formation de la terre et des luminaires à partir des eaux du **dessous** et du **dessus**.

La science déconsidérait le schéma de la création cosmologique de la Bible non pas seulement parce qu'elle ne connaissait pas l'interprétation scientifique des mots, mais aussi parce que Moïse a parlé » des eaux » pour désigner la matière originelle du début de la création ou d'avant Big-bang. Aujourd'hui notre propre galaxie est appelée " la Voie lactée", faisant allusion à la pâte au lait une fois qu'on regarde son image telle que photographiée par les satellites. Or, à l'intérieur on y trouve les planètes gazeuses et rocheuses y compris les étoiles brillantes.

Et que verrons-nous si aujourd'hui, on photographiait l'Univers en dehors de celui-ci ? Il ressemblerait à une bulle noire avec des taches blanches comme illustrées ci-dessous. Aucun télescope, ni satellite ne l'a encore fait. Car, comment photographier quelque chose dont on est soi-même contenue à l'intérieur ? Mais Moïse a pu le faire à travers son laboratoire spirituel de Madian.

Ainsi, en parlant de l'eau comme masse d'avant

Big-bang, cela n'a rien à voir avec l'eau liquide telle que la Voie lactée n'a rien à voir avec le lait. Nous pouvons même dire que l'eau ici, représente les éléments inconnus se trouvant dans la masse ou les énergies ayant occasionné le Big-bang.

Si on photographie l'univers, il ressemblerait à une bulle noire avec des taches blanches comme cette illustration. Et qui, de l'extérieur pouvait deviner leur contenu sans télescope ? Dieu soit loué pour l'avoir révélé à Moïse. (Flavien PHANZU MWAKA).

Selon le Magazine Epsiloon, 48 peuples considèrent l'eau comme l'élément originel qui précéderait même la Terre, comme dans la Genèse, les récits apaches ou la mythologie hindoue ». (Cfr : Magazine Epsiloon, Hors-serie n° 5 p.31, Paris 2022).

3.5.2 Tout l'Univers n'est que l'eau

Ge 1 :2 « *La terre était informe et vide : il y avait des ténèbres à la surface de l'abîme, et l'esprit de Dieu se mouvait au-dessus* **des eaux** ».

Ge 1 : 16. (*Des eaux du dessus) Dieu fit les deux grands luminaires, le plus grand luminaire pour présider au jour, et le plus petit luminaire pour présider à la nuit ; il fit aussi les étoiles*

Pourquoi Moïse dut-il utiliser le nom « eaux » comme l'étape finale de ces particules originelles d'avant Big-bang ? Certes, il n'est pas là pour répondre à cette question avec précision, mais ce que nous avançons comme restitution n'est pas loin de ce qu'il devrait nous répondre.

Auparavant, avant l'émergence des noms scientifiques, tout liquide dont on ne pouvait décrire était qualifié de « comme l'eau » ; des spermatozoïdes aux magmas volcaniques. Aujourd'hui, la science commence à avancer l'idée que les premières matières visibles étaient sous forme plasmatique. Un nom que moi-même, en tant qu'intellectuel, ne connaissais pas. Voilà pourquoi Moïse utilisa le nom « eaux » comme première matière visible de l'univers pour le faire comprendre à tous.

Dans les documentaires « **sur les origines de l'univers** », les savants maintiennent qu'au début, tout n'était que quarks et gluons, se déplaçaient et se percutaient les une des autres à la manière d'un liquide. Donc, avec la pression, même les particules se comportent sous forme d'un liquide. D'où le nom « eau » par les anciens.

En outre, Moïse savait-il que l'eau était composée d'hydrogènes et d'oxygènes ? Savait-il que l'hydrogène était l'élément le plus répandu dans l'Univers ? Savait-il qu'en décomposant les composés de l'eau, un savant va lui immortaliser ?

En effet, en décomposant l'eau, LAVOISIER appela l'un des éléments hydrogène ; (Hydro = eau) et « gène » (engendré). Ce qui veut dire ce qui engendre de l'eau. En plus, cet élément occupe les 85 % de l'Univers visible.

En plus, non seulement l'hydrogène est l'un des constituants essentiels dans l'eau, c'est-à-dire l'une des molécules vitales pour la vie, elle est aussi le plus abondant constituant des étoiles comme les nuages moléculaires. Donc, Moïse avait effectivement raison d'utiliser le terme eau qui ne représentait pas nécessairement l'eau liquide, mais les matières originelles.

Tous les astrophysiciens sont d'avis que l'hydrogène fait partie des éléments qui se forment en dehors des étoiles. En fait c'est l'élément qui est à la base de la formation de ces derniers. Moïse ne pouvait utiliser que le terme « eau » tout comme aujourd'hui la science a commencé à utiliser le mot océan sans pour autant faire référence à nos océans terrestres. C'est le cas de l'océan de boue.

Ce que nous devrons aussi connaître est que les noms scientifiques des composés chimiques n'existaient pas à ce moment-là, soit 1500 ans av.J.C. et l'hydrogène liquide ressemble à l'acier fondu. Il en est de même pour le plasma qu'on retrouve dans tout l'Univers où la température atteint des degrés extrêmes, transformant certains gaz en liquide. Voilà ce qui justifie le mot « eaux » par Moïse dont je ne peux confirmer avec précision, ni même la science, l'état de la matière originelle.

Une autre preuve aussi de la justification du mot « eaux », c'est la présence des composés de l'hydrogène (ce qui engendre l'eau), et qu'on la retrouve aussi presque partout dans l'Univers sous ses trois formes ; soit liquide, soit solide, soit gazeux. La forme dépend de la température auquel elle est soumise. Pour cela, nous pouvons lire cette affirmation scientifique :

« *L'eau est abondante dans le Cosmos. On pourrait presque dire que celui-ci est « humide ». Mais, il est rare de la trouver à l'état liquide.*

(Cfr : Les défis de la science ; l'origine de la vie – édité par RBA Collecionables, S.A.U. Barcelone, 2018, P.22).

Nous reproduisons ici trois articles tirés de l'Internet prouvant que l'eau se retrouve presque partout dans tout l'Univers, confirmant cette affirmation et justifiant l'utilisation de ce nomt par Moïse pour désigner l'univers originel.

3.5.2.1 Le plus grand nuage d'eau dans l'espace

Publiée le 29 juillet 2011 dans Futura Science sur Web.

« *Des scientifiques viennent de découvrir un nuage de brume, distant de 12 milliards d'années-lumière, et pesant 40 milliards de fois le poids de la Terre. C'est le plus grand nuage jamais découvert dans l'espace. C'est dans une* galaxie *située à 12 milliards d'années-lumière de la Terre que se trouve le plus éloigné et le plus gigantesque nuage d'*eau *jamais observé dans tout l'*Univers, *ont déclaré des scientifiques...D'après les observations, réalisées grâce au télescope du mont Mauna Kea d'Hawaii, la vapeur qui*

enveloppe ce quasar représente suffisamment d'eau pour "remplir tous les océans de la Terre plus de 140 billions de fois ».

D'ailleurs à la vue de ce nuage de brume, dans le même article, les astronomes se demandent même s'il n'y avait pas déjà la présence de l'eau avant le Big-bang, c'est-à-dire des molécules susceptibles de former l'eau. Leur hypothèse vient confirmer la Bible.

3.5.2.2 L'existence de l'eau dans les étoiles

Un autre exemple tiré toujours de futura-science du 15/07/2015 stipule que même dans les étoiles, il y a aussi de l'eau :

« Le laboratoire Joseph-Louis Lagrange (CNRS, observatoire de la Côte d'Azur, Université de Nice) a observé en direct et pour la première fois la transformation d'une étoile de masse proche du Soleil en nébuleuse planétaire. Cette étoile fait *partie d'un groupe de 16 objets connus sous le nom de water fountains. Ce sont des étoiles évoluées qui montrent des éjections de matière que l'on détecte grâce à une radiation très intense produite par la vapeur d'eau qui se trouve dans leur enveloppe (les travaux ont été publiés dans the* Astrophysical Journal *du 10 juin 2015) »*
(Cfr : le chant des étoiles, la nouvelle musique stellaire).

Ces articles confirment clairement le schéma de la Genèse qui dit qu'il y avait un amas d'eaux (matières originelles) au début, qui séparé en deux ; le Big-bang, l'un a servi à la formation des planètes dont la terre et l'autre à la formation des étoiles. Suivons ces schémas Bibliques :

Ge 1 : 7. *Et Dieu fit l'étendue, et il sépara les eaux qui sont au-dessous de l'étendue d'avec les eaux qui sont au-dessus de l'étendue. Et cela fut ainsi.*

Ge 1 :9. Dieu dit : que les eaux qui sont au-dessous du ciel se rassemblent en un seul lieu, et que le sec paraisse. Et cela fut ainsi.

Ge 1 :16. (Des eaux du dessus) Dieu fit les deux grands luminaires, le plus grand luminaire pour présider au jour, et le plus petit luminaire pour présider à la nuit ; il fit aussi les étoiles.

3.5.2.3 L'existence de l'eau dans les astres

Un troisième article qui donnera matière à réflexion aux savants sur l'utilisation du nom « eaux » par Moïse pour designer la matière originelle dans la Bible est la suivante :

« Il n'ya pas que sur terre que l'on trouve de l'eau dans le Système solaire. Notre planète bleue, d'ailleurs, est loin d'être le corps qui en possède le plus, comme on aurait tendance à le croire. En effet, l'eau est abondante dans les comètes, les astéroïdes, sur mars et probablement aussi au sein des planètes naines comme Pluton ou Sedna. Elle est également présente en très grandes quantités dans une kyrielle de lunes des quatre planètes géantes. Les premières qui viennent à l'esprit sont bien sûr Europe, ganymède et Callisto, autour de Jupiter, Encelade et Titan dans le giron de Saturne, Triton dans la banlieue de Neptune, etc. on en retrouve même au fond des cratères de Mercure, la planète la plus proche du Soleil. Mais alors, d'où vient toute cette eau » ?
(Le 29/09/2014 à 17 :34 par Xavier Demeersman, Futura-Sciences).

En plus, même dans certains astres qu'on croyait totalement dépourvus d'eau comme la lune et Mars, on soupçonne déjà la présence des glaces dans les parties non éclairées par le soleil. Nous venons de découvrir récemment un article que nous portons ici : *« Et en 2010, la mission LCROSS de la NASA a projeté un impacteur dans un cratère près du pôle Sud de la Lune, révélant d'importantes quantités d'eau »*. (Cfr : trustmyscience.com/hayabusa-2-cree-avec-succes-cratere -sur-asteroide-ryugu par Thomas Boisson, le 08/04/2019).

3.5.2.4 L'existence de l'eau dans les trous noirs

Enfin, lisons cette citation de la physicienne Joanne **Baker :**

« De la même manière, les radioastronomes mesurent la vitesse des sources particulièrement brillantes au centre des galaxies, comme les masers H2O qui émettent de puissantes ondes radio engendrées par l'excitation des molécules d'eau. Dans plusieurs galaxies, l'existence d'un trou noir massif et compact a été déduite de la vitesse des masers, qui suivent les lois de Kepler. »

(Cfr : J. Baker : 50 clés pour comprendre l'astronomie, éd. Dunod, Paris 2016, p.141).

Un autre article qui vient confirmer l'utilisation du mot « eaux » par Moïse comme étant la première matière de l'Univers est la suivante :

« Le mot Univers désigne un espace mystérieux. Depuis les années 1990, on connait sa composition : 73,9% d'hydrogène, 24% d'hélium, 1% d'oxygène, 0,5% de carbone, ainsi que 91 autres éléments en quantité minime ».

(Cfr : https://www.caminteresse.fr/sciences/dou-vient-lunivers-150501/29-08-2021).

Alors, avec le nom de quel élément Moïse aurait-t-il dû désigné comme étant la première matière l'Univers ? « L'hydro ». C'est effectivement ce nom que nous avons découvert dans la Bible en hébreu. Ce sont les traducteurs qui l'ont traduit par les eaux ; faisant croire à tout le monde comme s'il s'agissait de l'eau courante. Mais, le chimiste français Lavoisier sans se référer dans la Bible en hébreu, donnant le nom d'hydrogène à l'élément le plus abondant de l'Univers, ignorant qu'il venait de confirmer la Bible. L'hydrogène qui signifie ce qui génère de l'eau et l'hélium qui sont les mêmes éléments occupent à eux seules 97,9% des matières dans l'Univers.

Finalement nous pouvons dire que toutes les matières de l'univers ne se résument qu'en un seul mot : « eau » ; donnant raison à Moïse et à la Bible. Tous ceux qui ont condamné la Bible d'avoir parlé de l'eau au commencement de l'Univers sont maintenant convaincu que Moïse n'avait pas tort de qualifier les particules primitives de l'eau.

Presque toutes les anciennes civilisations ont fait de même par manque du terme scientifique approprié comme nous pouvons encore le lire :

Selon le Magazine Epsiloon avons-nous dit, "*48 peuples considèrent l'eau comme l'élément originel qui précéderait même la Terre, comme dans la Genèse, les récits apaches ou la mythologie hindoue* ». (Cfr : Magazine Epsiloon, Hors-serie n° 5 p.31, Paris 2022).

Bien que la découverte des éléments primitifs désignés par les eaux par Moïse reste un mystère, néanmoins on sait que ceux ayant contribué à la formation des protons et plus tard d'hydrogène y faisaient partie. C'est ce qu'affirment du moins les savants dans leur hypothèse qui stipule que la première étoile s'est constituée sans poussière comme nous pouvons le lire :

« La situation était différente lorsque l'Univers était très jeune, et plus spécialement pour ce qui concerne la toute première génération d'étoiles — formées environ 200 millions d'années après le Big-bang—, *d'abord parce qu'aucun mécanisme déclencheur ne peut en principe être invoqué pour initier le démarrage du processus, et ensuite parce qu'elles vont devoir constituées dans un milieu où la seule matière rendue disponible par la nucléosynthèse primordiale*

(hydrogène et hélium, principalement) est entièrement dépourvue de poussière. »

(La formation des étoiles : Imago Mundi ; Encyclopédie gratuite, Serge Jodra, 2004 *Sur Web).*

Si la science peut reconnaître Moïse en tant qu'ayant vécu sur la terre, il mérite à ces jours tous les prix qu'on décore aux hommes des sciences. Et qu'une déclaration Universelle soit faite reconnaissant Dieu comme étant le Créateur de l'Univers car, en lisant l'histoire de la Genèse, éclairci par ce livre, nous découvrons que ce ne sont pas des prédictions mais des vérités testables aujourd'hui scientifiquement.

3.6. La lumière fut ! ou La première lumière

Ge 1.3 : « *Dieu dit : Que la* **lumière** *soit ! Et la* **lumière** *fut* ».

Pour une bonne compréhension de ce point, je recommande mes lecteurs à suivre le documentaire « **Hubble vues de l'espace : l'œuvre de la lumière** » sur You tube où on explique au début de l'univers, comment une lumière peut apparaître sans astre.

L'idée qu'une lumière a illuminé l'univers avant le Big-bang paraît saugrenue pour les savants du temps contemporains. Pour eux, la première lumière n'est apparue qu'après que les atomes aient atteint un degré suffisant de chaleur. Cela après le Big-bang selon la théorie standard. Dans le Modèle Cosmologique Universel par contre, l'ère moins un de l'univers, appelé le premier jour dans la Bible, s'est clôturé avec l'apparition d'une lumière. Était-elle due par quelles éléments ou particules ?

En principe, c'est la découverte de cette lumière ou rayonnement d'avant Big-bang qui va dévoiler les éléments qui faisaient partie des eaux de Moïse ou matière originelle d'avant Big-bang. L'avenir de la recherche sur les origines de l'univers tranchera cette question. Ma position se dessinera par contre au fur et à mesure de mes écrits.

Toutefois, nous venons d'apprendre que cette lumière diffuse un rayonnement électromagnétique, alors que Le rayonnement cosmique est lui constitué de noyaux atomiques et de particules de haute énergie. Cela vient confirmer que l'Avant Big-bang fut une sphère énergétique.

La lumière est un phénomène physique, un transport d'énergie de sa source émettrice, sans transport de matière. Donc, en disant : « Dieu dit : que la lumière soit ! Et la lumière fut », on est en face d'un phénomène physique et non spirituel. Pour la littérature, c'est-à-dire pour le commun de mortel, une lumière n'est autre qu'un synonyme d'éclairage.

L'ignorance de ce rayonnement d'avant Big-bang dans le Modèle standard comme dans tous les autres modèles cosmologiques a conduit les savants à émettre des doutes sur certaines déductions en cosmologie. Cette énergie ou ce rayonnement d'avant Big-bang n'est pas hypothétique comme l'énergie noire et en plus, elle est active ; d'où le nom de « jour » donné par Dieu à Moïse.

En revenant sur le rayonnement fossile, les physiciens disent qu'elle fait partie des interférences que nous voyons quand nous changeons nos chaînes des télévisions. Elle est testable et uniformément répartie sur tout l'univers.

D'où le nom de fonds diffus cosmologique. On le qualifie de diffus parce qu'il ne provient pas d'une ou plusieurs sources localisées, et de cosmologique parce que, selon l'interprétation qu'on en fait, il est présent dans tout l'Univers (le cosmos).

En effet, il est reconnu bibliquement que c'est l'homme qui donne le nom à tout ce qu'il découvre comme nous pouvons le lire :

Ge 2 :19 *l'Éternel Dieu forma de la terre tous les animaux des champs et tous les oiseaux du ciel, et il les fit venir vers l'homme, pour voir comment il les appellerait, et afin que tout être vivant portât le nom que lui donnerait l'homme.*

Si Moïse a donné le nom de « jour » à cette lumière, les savants en ont baptisé peut-être autrement : énergies, rayonnements, ondes, etc. Avec toutes les preuves sur sa composition, nous venons de comprendre qu'il s'agit du rayonnement fossile. La seule lumière qui a été émise durant la contraction de l'Univers dans l'avant Big-bang avant la formation des atomes.

Selon la nucléosynthèse, les atomes se sont formés 3 minutes après le Big-bang. Or, si le rayonnement fossile apparut 380.000 ans plus tard était un vestige du Big-bang, il aurait comporté dans sa composition des noyaux atomiques comme les autres rayonnements.

Pour revenir de nouveau à notre sujet, nous avons dit que toute lumière a une source émettrice. Pour ce qui est du verset biblique, personne ne s'est jamais posé la question parce qu'il est écrit : « Dieu dit : que la lumière soit ! Et la lumière fut » (Ge 1 :3). Alors, tout le monde a cru jusque-là, sauf les savants, à une émergence miraculeuse de la lumière dictée par la parole de Dieu.

Aujourd'hui, à la lumière de nos recherches, nous découvrons que les savants n'ont pas tort de ne pas croire à une émergence d'une lumière magique. Celle-ci était le résultat d'un phénomène physique ignoré par tous, car, sa source était la contraction de la matière originelle qualifiée des « *eaux* » par « l'esprit de Dieu » qui joua le rôle de l'énergie gravitationnelle. Donc, les croyants n'ont pas aussi tort dans la mesure où tout a été planifié par Dieu.

Suivons cela :

Ge 1 :2 *La terre était informe et vide : il y avait des ténèbres à la surface de l'abîme, et* **l'esprit de Dieu** *se mouvait au-dessus des* **eaux**. *3 Dieu dit : que la* **lumière** *soit ! Et la* **lumière** *fut. 4 Dieu vit que la lumière était bonne ; et Dieu sépara* **la lumière** *d'avec les* **ténèbres**. *5 Dieu appela la lumière* **jou***r, et il appela les ténèbres* **nuit**. *Ainsi, il y eut un soir, et il y eut un matin : ce fut le premier jour.*

Toujours dans Ge 1 : 2, on nous dit comme première étape du premier cycle de la création que *« l'esprit de Dieu se mouvait au-dessus des eaux »*, ce qui voulait dire scientifiquement que l'énergie était en action dans la matière primitive ou originelle. Or, pour que le Big-bang (la séparation des eaux avec les eaux selon la Bible) se produise, il fallait que cette matière atteigne le point où il peut avoir des réactions physiques produisant la chaleur et parfois du feu (l'esprit de Dieu se mouvait au-dessus des eaux) en libérant des bulles d'énergie, illuminant l'univers.

Le mot « lumière » constitue la preuve biblique confirmée par la science qu'effectivement l'univers a connu une phase très élevée de chaleur avant le Big-bang. Cela nous réconforte aussi comme démonstration que le schéma de la création n'est pas un conte. Ainsi, voyons quelques propriétés qui confirment de l'apparition de la lumière d'avant le Big-bang.

3.6.1 L'origine de la lumière d'avant Big-bang

Ge 1 : 3 *Dieu dit : Que la* **lumière** *soit ! Et la* **lumière** *fut*

Cette première lumière que nous disons qu'il s'agit du rayonnement fossile est née par l'action de ce que le langage biblique qualifie de « l'esprit de Dieu sur les eaux » par Moïse, forma une zone d'accrétion qualifiée par la phrase biblique d'abîme. Et, avant que le Big-bang n'intervienne, il y avait d'abord production de cette lumière (énergie cosmique ou rayonnement).

Selon la Bible, la lumière ou ce que nous appelons scientifiquement le rayonnement, était issue lors de l'accrétion de la matière forma un abîme par « l'esprit de Dieu » (Énergie gravitationnelle ou déflationniste) sur les matières originelles d'avant Big-bang (eaux). Il s'agit d'un processus évolutif de la physique que les savants connaissent bien.

En effet, dès qu'un trou noir (abîmes) se forme, il attire sur lui les particules et matières environnantes qualifiées des eaux par Moïse. Ces particules entrent en collision et génèrent des rayons. D'où, ces versets restitués scientifiquement :

Ge 1 :2 *« Il y avait les ténèbres (énergie) dans la surface de l'abîme (trou noir) et l'esprit de Dieu (Énergie déflationniste) se mouvait au-dessus des eaux (particules et matières primitives) ... Et la lumière fut* **(production des rayons***)*.

Mais pour démontrer que le schéma ou la réaction générée faisait partie de la volonté de Dieu, Moïse l'intercala par la phrase *« Dieu dit : que la lumière soit et la lumière fut »*. En isolant la phrase « Dieu dit » comme je viens de le faire au paragraphe précédent, on aboutit à un schéma physique complet sur l'avant Big-bang.

En effet, si « *l'esprit de Dieu* » fut doté sur la matière avant le Big-bang (séparation des eaux d'avec les eaux), Dieu devrait aussi prévoir la vie et le maintien de tout ce qui adviendra sur l'univers après le Big-bang. Et parmi ses forces énigmatiques pour la science, il y a les ténèbres et la lumière (rayonnement), dont il est écrit en Ge 1 :2 *« Dieu sépara la lumière d'avec les ténèbres ».*

Selon la science, aucune machine ni laboratoires terrestres ne peut produire pour le moment, la puissance de ces rayons qui parcourent tout l'univers en un laps de temps record créant l'uniformité (distribuée uniformément dans l'espace), alors que les rayons solaires et des étoiles perdent leur intensité au fur et à mesure de la distance parcourue.

Les deux paragraphes précédents démontrent que la science a encore un grand chemin à faire pour découvrir l'importance de tout ce que Dieu a créé et de reconnaître sa Grandeur, de reconnaître qu'il y a eu bel et bien une intelligence suprême qui a façonné l'univers et l'a confié à l'homme (dominer l'Univers [Ge 1 : 28]) comme sa maison. Mais, l'homme est aussi une composante de l'Univers en respirant simultanément de l'air pour le maintien de son existence.

George Gamow fut le premier à dire vers la fin des années 1940 que si l'univers s'était réellement chauffé jusqu'à aboutir au Big-bang, les rayonnements émis devraient laisser des traces. Et, c'est en 1965 que deux savants américains l'ont découvert et la science les nomma rayonnement fossile ou fond diffus cosmologique. Ce rayonnement révélera que la température de l'espace est étrangement uniforme même à des endroits les plus éloignés de l'Univers que si on en tient au Big-bang comme son point de départ, l'équation s'avererait impossible. En d'autres termes, selon le Modèle cosmologique universel, le maximum du réchauffement de ce rayonnement était atteint avant le Big-bang.

Les savants doivent savoir que les étoiles qui sont les fruits du Big-bang se comportent à quelque chose près de ce qu'a été l'univers à son début c'est-à-dire avant le Big-bang. Pourquoi a quelque chose près ? Parce qu'après le Big-bang, les matières qui éclatèrent dans l'Univers observable, source de la création des étoiles ou des astres furent des matières résultantes. Il en est de même quand on dit que l'homme est créé de la poussière de l'Univers. Ainsi, l'homme est un ensemble des poussières résultantes que nous ne saurons encore décomposer pour récupérer les matières d'origine.

Ainsi dans la fameuse formule d'Albert Einstein : $E = mc^2$, si la masse « m » est inconnue, tout ce qu'on peut y découvrir en inversant la formule, c'est la quantité de la matière contenue dans cet objet c'est-à-dire la masse des particules qui constituent cet objet (atomes ou molécules) et non la matière elle-même. Seule la terre qui le fait d'une manière naturelle en dégradant les organismes vivants après la mort selon la loi mosaïque *« tu es poussière et tu retourneras dans la poussière »* (Ge 3 :19). Loi non vulgarisée scientifiquement parce qu'elle est contenue dans la Bible.

En plus, du fait que Moïse dit que Dieu sépara la lumière d'avec les ténèbres et que rien ne se dissipa, cela nous montre l'éternité de ces rayons. Et n'oublions pas qu'à ce moment-là, il n'y avait pas la notion de temps. Toutefois, Moïse a clôturé le premier jour de la création par l'apparition de cette lumière que les savants doivent découvrir par l'analyse de ces rayons et de son champ magnétique.

Avant le Big-bang, l'émanation de la lumière, qui symbolisait que la première étape de la création avait atteint son objectif après des milliers voire des milliards d'années, qualifiés d'un jour par la Bible, fut le point culminant pour que le Big-bang ait lieu (*Ge 1 :6 Dieu dit : qu'il y ait une étendue entre les eaux, et qu'elle sépare les eaux d'avec les eaux).*

Cette théorie de Moïse, en utilisant les termes littéraires de lumière (rayonnement), Esprit de Dieu (Force première universelle : FPU), des ténèbres et de l'abîme (trou noir, trou sombre, un vide sans fin, déformation de l'espace-temps), cadre exactement avec ce que la science actuelle peut décrire à des mots et à des termes scientifiques.

En plus, Moïse n'a pas employé un caractère statique ou stationnaire de la lumière et des ténèbres. Au verset 2 de la Genèse 1, il écrit : « *il y avait des ténèbres à* **la surface** *de l'abîme, et l'esprit de Dieu se* **mouvait (**était en action) *au-dessus des eaux* ».

Lisons encore comment la Bible a décrit l'avant Big-bang :

Ge 1 : 2*la terre était informe et vide : il y avait des ténèbres à la surface de l'abîme, et l'esprit de Dieu se mouvait au-dessus des eaux.*

- *Dieu dit : que la* **lumière** *soit ! Et la lumière fut.*
- Dieu vit que la lumière était bonne ; et Dieu sépara la lumière d'avec les ténèbres.
- *Dieu appela la lumière jour, et il appela les ténèbres nuit. Ainsi, il y eut un soir, et il y eut un matin : ce fut le premier jour.*

À travers le verset biblique de Ge 1 :4 « ... *Dieu sépara la lumière d'avec les ténèbres* », il s'avère à ce jour que la véritable matière noire n'absorbe pas la lumière c'est-à-dire l'Univers observable. C'est ainsi que j'ai demandé aux savants d'étudier minutieusement ce verset du point de vue scientifique.

3.6.2 Les propriétés de la lumière d'avant Big-bang

Cette lumière apparut avant Big-bang et qui a clôturé l'ère moins un de l'univers devrait porter plusieurs propriétés qui peut permettre aux savants de la confirmer.

3.6.2.1 La lumière biblique fut un rayonnement

Ge 1 : 3 *Dieu dit : Que la* **lumière** *soit ! Et la* **lumière** *fut. 4 Dieu vit que la lumière était bonne ; et Dieu sépara* **la lumière** *d'avec les* **ténèbres**.

Quand nous apercevons quelque chose par l'action de la lumière, nous disons que la lumière interagit avec cet objet. Dans ce cas soit la lumière est bloquée, soit elle est déviée, créant ainsi une zone d'ombre derrière l'élément qui la dévie comme dans l'image ci-dessous. Ainsi, nos nuits sont les résultats provoqués par une partie de la planète terre qui fait face au soleil, empêchant l'autre partie de recevoir la lumière. La partie n'ayant pas la lumière se retrouve ainsi dans la nuit.

Comme la terre tourne autour de lui-même dans 24 heures, il y a après chaque 12 heures une nouvelle alternance entre le jour et la nuit. Ce mouvement est connu sous le nom de la rotation de la Terre. Parfois cette alternance de temps varie selon les saisons, provoquées par l'inclinaison de la terre face au soleil.

Le soleil à gauche et la terre à droite

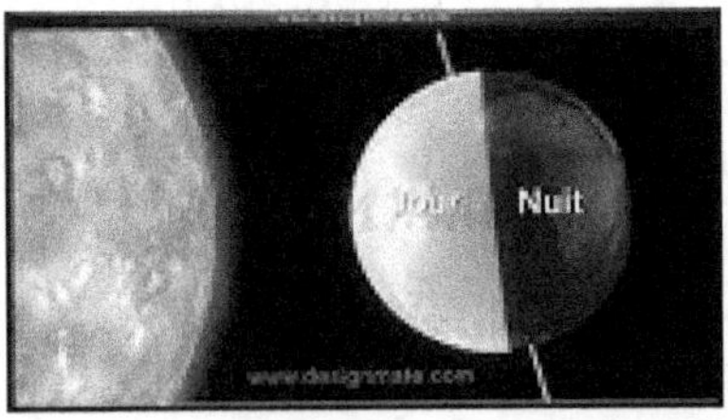

https ://i.ytimg.com/vi/4WsXT5inzDg/hqdefault.jpg

Pourquoi les croyants disent que c'est Dieu qui a tout réglementé ? Cette alternance de 12 heures répond aux besoins physiologiques du corps lié aux travaux, aux repos et aux sommeils pour une bonne récupération du lendemain avec une nouvelle énergie. Cela est dû :

– Au diamètre de la terre : un diamètre plus vaste de la terre aura beaucoup de conséquences, dont l'augmentation de la pesanteur, ce qui alourdira le fait même de soulever les pieds, nous rendant ainsi des paresseux. Cela augmentera aussi le temps de la rotation de la Terre autour du soleil avec une journée allant au-delà de vingt-quatre heures. Un diamètre plus petit va transformer nos démarches par des rebondissements comme des kangourous et réduirait nos journées.

– À la distance terre-soleil : la variation de la distance du soleil par rapport à la terre, transformerait la terre en un brasier, ce qui consumera toute vie ou à un big comète où aucun être vivant ne pourra plus exister.

Il y a encore toute une infinité des paramètres que nous ne pouvons citer à cause de la complexité de ces matières tels que la magnétosphère, l'atmosphère, etc.

Ceci est pour dire que le diamètre de la terre, la position de son orbite, sa distance face au soleil sont des mesures mathématiquement calculés pour permettre l'émergence de la vie et son maintien. Qui a pensé à ces calculs ? Pour nous le croyant c'est Dieu et cette croyance est confirmée en physique par le Principe anthropique de l'astrophysicien Australien Brandon Carter. S'il était un prêtre, jamais personne ne parlerait de son principe. On aurait qualifié ses déductions des croyances.

Pour revenir à notre sujet, nous pouvons dire que notre lumière du jour, voire de la nuit provient du soleil et n'a rien avoir avec le verset ci-dessous dont la lumière a apparu avant la création du soleil, qui a été créé au 4e jour biblique.

Ge 1 : 3 *Dieu dit : Que la* **lumière** *soit ! Et la* **lumière** *fut... Ainsi, il y eut un soir, et il y eut un matin : ce fut le premier jour.*

Au moment où ce verset a été dit, aucun astre n'était encore créé. Par conséquent, cette lumière est différente de notre lumière du jour, ainsi que le soir et le matin. Nous l'avons déjà expliqué au chapitre premier.

Le rayonnement cosmique (lumière), issu de l'action de l'esprit de Dieu (énergie positive) sur la matière d'avant Big-bang, devrait porter la signature de cette dernière.

- En principe, quand la lumière apparaît, les ténèbres disparaissent. En d'autres termes, la lumière traverse les ténèbres et en physique on dit que la lumière n'a aucune interaction avec les ténèbres. Mais, ici la Bible dit " Dieu sépara la lumière d'avec les ténèbres " soit ces rayons d'avec l'énergie contenue dans les ténèbres. Cela démontre qu'ils accompagnent toujours l'Univers dans son destin sans que l'un anéantisse l'autre. Cela prouve qu'il s'agissait d'un rayonnement énergétique et non d'un simple éclairage.

En langage scientifique, nous pouvons dire que cette lumière avait une interaction avec l'énergie qui était contenue dans les ténèbres et cela a créé leur séparation. D'où la phrase biblique " Dieu sépara la lumière d'avec les ténèbres " (Ge 1 :4). Donc, on était en présence de deux énergies dénommées par Moïse Le jour pour « la lumière » et la nuit pour « les ténèbres ».

2) Etant créées avant le Big-bang et projetées après, les deux énergies doivent couvrir tout l'univers

3) La dernière action avant le Big-bang fut la séparation de la lumière qui venait de jaillir d'avec les ténèbres dont les savants doivent trouver une explication scientifique en isolant la phrase " Dieu sépara " et en étudiant les comportements de la lumière à travers le halo autour du disque de chaque galaxie. Si à un certain volume la

lumière a une interaction avec la matière noire, alors, pour nous ce halo représente plutôt son emprisonnement par cette matière, ce qui contribue aux noires spatiales. Cette assertion rend encore antique notre connaissance actuelle de la cosmologie par rapport à la grande intelligence de Moïse. Nous allons y revenir au Tome II.

3.6.3. Propriété du rayonnement fossile

3.6.3.1. Un rayonnement électromagnétique

Déjà, j'avais dit que la constitution du fonds diffus cosmologique, qui est une lumière issue de l'avant Big-bang et émettant un rayonnement électromagnétique, détruit tous les arguments qui disent que notre univers est issu d'un autre univers. Si tel était le cas, c'est-à-dire si une étoile s'était effondrée dans l'avant Big-bang, le rayonnement fossile devrait être constitué des rayons atomiques des hautes énergies. L'avant big-bang n'a été qu'une sphère énergétique tel que confirmé par le modèle des cordes du Physicien italien, le Professeur Italien Gabriele Veneziano. Dans son modèle, nous lisons ceci :

« *Il y a infiniment longtemps, l'univers était presque vide et ne contenait qu'un gaz raréfié de rayonnements et de matière. Les forces de la nature, contrôlées par le dilaton, étaient si faibles que les particules de ce gaz interagissaient à peine. Avec le temps, les forces ont gagné en intensité et la matière a commencé à s'agréger forma une sorte de trou noir. Et, notre univers serait issu de cette sorte du trou noir.* (Cfr : Gabriele Veneziano https://www.pourlascience.fr/sd/cosmologie/lunivers-avant-le-big-bang-2971.php .

Tout ce que ce Professeur vient de développer sur l'origine de l'univers jusqu'à la formation d'une sorte de trou noir dans l'Avant Big-bang est résumé par le verset biblique « **2** *La terre était informe et vide : il y avait des* *ténèbres à la surface de l'abîme, et l'esprit de Dieu se mouvait au-dessus des eaux » Ge 1 :2.*

Selon ces théories, dans le pré Big-bang, notre Univers s'est créé dans un certain type de trou noir (Abîme biblique). Une fois l'effondrement atteint une densité limite pour la matière et une courbure limite pour l'espace-temps, il se change en expansion (Séparation des eaux d'avec les eaux selon la Bible).

Dans ce cas, quand la matière a été expulsée, soit par un trou de ver soit par le trou noir lui-même, cela résout le problème du fond diffus cosmologique. En effet, cette lumière n'est pas apparue quand les atomes ont commencé de nouveau à se fusionner. Car, cela n'aurait abouti qu'à la formation d'une étoile. C'était plutôt une lumière qui a été émise auparavant et qui s'est retrouvée emprisonnée d'abord par le trou noir ou l'abîme selon la Bible et après par l'opacité de la matière.

Le point commun entre les théories préBig-bang scientifique et le Modèle Cosmologique Universel est que l'univers est issu d'un abîme selon la Bible et d'un trou noir selon ces savants. À part ce point commun, notre compréhension sur l'avant Big-bang est différente, mais aboutit au même résultat. Mais, pour la Bible, au départ, il y avait un vide. Mais pour eux, ils ne savent comment l'univers a commencé.

Donc, la lumière et la matière sont toutes emprisonnées à l'intérieur.

Le Modèle Cosmologique Universel ne partage pas le point de vue sur un univers tridimensionnel pré-Big-bang. Si on reculait dans le passé, avec ces points de vue, on aurait de tels univers qui s'effondreraient et qui reviendraient, comme l'affirme le savant Britannique Roger **Penrose** dans son Modèle des Univers cycliques.

Pour la Bible, la terre (l'univers) était informe et vide

(Ge 1 :2) au départ avant qu'on aboutisse au Big-bang ou à la séparation des eaux d'avec les eaux. Dans ce vide, selon la physique, il y a eu une animation des particules. Ce sont ces particules qualifiées des eaux dans la Bible; particules qui sont assemblées par la force d'un vent de Dieu selon la version Jérusalem, jusqu'à former le premier abîme de l'univers ou la première déformation du tissu de l'espace-temps.

Après s'être chauffées à la, suite de la condensation, ces particules dénommées « eaux » ont fini par émettre leur première lumière correspondant au récit biblique : « *Dieu dit que la lumière soit et la lumière fut* ». Fut-elle semblable à une supernova ? C'est à la science d'y répondre et non à la religion. La religion dit tout simplement qu'une lumière était apparue avant le Big-bang qu'on a qualifié de « jour », démontrant scientifiquement que l'Univers s'était fortement réchauffé. Cela a clôturé la première ère de l'univers (Ge 1 : 5), dénommée bibliquement le premier jour.

Et, après une période non quantifiable jusque-là, car ce sont les astrophysiciens qui vont faire entrer le Modèle Cosmologique Universel dans sa phase mathématique, il y eut effectivement Big-bang ou « Séparation des eaux d'avec les eaux », suivi après plusieurs années de la réapparition de la lumière. Cette lumière, en effet, a déjà été émise et emprisonnée dans le passé, et deviendra le fond diffus cosmologique.

Selon la déduction des savants cités ci-dessus, cette lumière pouvait provenir de l'étoile qui s'est effondrée et qui a donné naissance à notre univers alors que pour le Modèle Cosmologique Universel, cela était dû tout simplement à l'action de l'esprit de Dieu sur les eaux comme on peut le lire : **« ... l'esprit de Dieu** *se mouvait au-dessus* **des eaux » (Ge 1 :2)**, c'est-à-dire la concentration de la matière originelle par une sorte de force gravitationnelle.

Comme je l'ai dit, la réapparition de cette lumière avant la recombinaison, prouve qu'il provient de l'Avant Big-bang.

3.6.3.2. La lumière biblique est le rayonnement fossile

Nous avons dit au début que la lumière ayant apparu avant le Big-bang est la seule qui peut nous renseigner sur l'énergie noire, voire la matière noire. En plus, le temps que la science attribue à l'apparition de premières lumières, soit 380.000 ans après le Big-bang, est trop court pour un univers qui devrait lutter entre la gravitation et l'expansion. Si tel est le cas, cela veut dire tout simplement que le rayonnement fossile serait cette lumière qui s'est dissipée lors du big-bang, traversa ce qu'on appelle l'âge sombre cosmique pour réapparaître après.

Nous avons dit aussi que ce rayonnement est apparu sur base de l'action d'une énergie appelée esprit de Dieu ou vent de Dieu sur les eaux bibliques et qui a abouti au big-bang. Voilà les équations apportées par le Modèle Cosmologique Universel et qui viennent de remettre au point de départ la cosmologie. On ne peut s'en passer de la Bible pour un bon départ. Nous en reviendrons dans les chapitres qui suivent.

En voici les différents extraits de versets bibliques (version Jérusalem)

Ge 1 :2...*et un vent de Dieu se mouvait au-dessus des eaux.*
3. Dieu dit : que la **lumière** *soit ! Et la lumière fut.* (**Rayonnement fossile**)
5. Ainsi, il y eut un soir, et il y eut un matin : **ce fut le premier jour**.

7. *Et Dieu fit l'étendue, et il sépara les eaux qui sont au-dessous de l'étendue d'avec les eaux qui sont au-dessus de l'étendue.* (**Big-bang**)

8. Ce fut le second jour.

Comme on le voit, selon le Modèle Cosmologique Universel, le rayonnement fossile a précédé le Big-bang.

Après avoir étayé tous nos arguments, nous offrons dans ce paragraphe, un article paru dans « scienceetavenir.fr » qui démontre que le schéma biblique de la création est véridique, et ce qui a fait que cette lumière est réapparue et ne fut visible selon la science que 380.000 ans après le Big-bang. Pour ne pas ternir la réponse, je pose en entièreté les commentaires de l'auteur de l'article compte tenu de la pertinence de la question à savoir si le une lumière était apparue bel et bien avant le Big-bang :

*« Le Modèle standard cosmologique représente le scénario le plus probable de la formation de l'Univers, que les astronomes et les cosmologistes imaginent à partir des données fournies par les observations astronomiques. D'après ce modèle, une fraction de seconde après le Big-bang (*10–10*secondes), l'Univers était alors un brasier très dense dont la température frôlait les* 1015*degrés. Un Univers si dense que les particules de lumière et de matière étaient si étroitement enchevêtrées qu'un observateur extérieur n'aurait rien pu en distinguer à l'œil nu.*

Depuis cet évènement, marquant la naissance de notre Univers, il y a 13,7 milliards d'années, et au fur et à mesure de son extension, la température n'a cessé de baisser. Et ce faisant, la matière s'est organisées différemment avec entre autres conséquences, une libération des photons. D'après les modèles actuels, cette libération serait survenue assez rapidement. À peine 380.000 ans après le Big-bang.

Et les traces de cette chaleur et de cette lumière originelle sont encore détectables aujourd'hui...

*La présence de ce rayonnement fossile qui baigne tout notre Univers explique que même dans les zones les plus reculées de l'espace, la température n'atteint jamais le zéro absolu (c'est-à-dire 0 °K ou -273,15 °C). Une température théorique correspondant à un état dans lequel toute la matière est inerte et à son état énergétique minima*l ».

(Cfr : scienceet avenir.fr ; Quelle est la température de l'Univers ? par Erwan LECOMTE, le 28/09/2018).

À la fin du premier paragraphe de cet article, on nous dit que la température de l'Univers lors du Big-bang frôlait déjà les 1015 degrés. Mais à cause de sa densité, on ne pouvait même pas constater la lumière qui était émise par ce brasier très dense. Tout était si étroitement comprimé qu'un observateur extérieur n'aurait rien pu en distinguer à l'œil nu. En grossissant, après, 380 000 années après le Big-bang, les photons ou particules des lumières se sont libérés.

J'ai eu déjà à critiquer les théories qui disent que c'est la fusion de matière après le Big-bang qui a fait que la lumière apparaisse 380 000 ans après. J'avais dit que c'était très précoce compte tenu de l'inflation cosmique pour que la matière s'agglomère. Je pense que l'article ci-dessus me donne raison. Même son auteur parle « d'*à peine 380.000 ans après le Big-bang* ». Donc, la lumière était déjà là avant les 380 000 ans, mais emprisonné.

En plus G. Gamow, le savant américain d'origine Russe, en prédisant l'existence du rayonnement fossile, a parlé du reliquat de la lumière ou de la chaleur qui devrait préexister lors du Big-bang et non d'une lumière qui devrait commencer quelque temps après le Big-bang. Ainsi, je me classe dans le rang des savants qui disent que ce n'est que lors de l'expansion de l'Univers après 380 000 ans que cette lumière à commencer à devenir visible, c'est-à-dire qu'elle a réapparut.

Le dernier paragraphe de l'article démontre pourquoi cette lumière a été qualifiée de « Jour » par Moïse sous l'inspiration divine à travers la phrase « *les traces de cette chaleur et de cette lumière originelle sont encore détectables aujourd'hui* », et attestait par les satellites et qui fait que sa température n'atteint jamais le zéro absolu.

Voyons un peu ce diagramme de Minkowski sur l'apparition de la lumière avant le Big-bang et sa réapparition après le Big-bang :

Diagramme conforme de l'espace-temps de Minkowski.

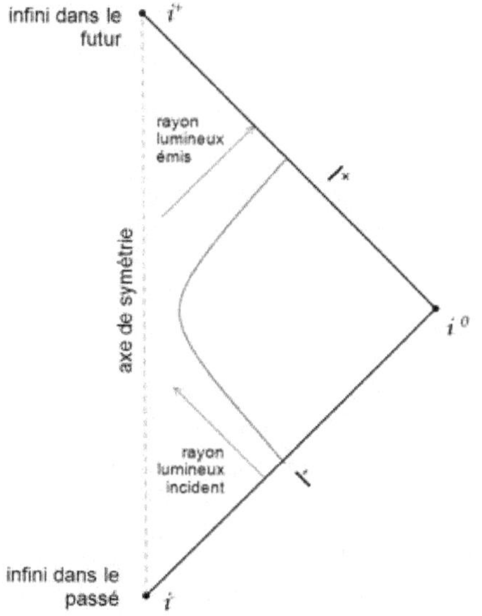

« Le caractère conforme de cette représentation fait qu'un rayon lumineux en provenance du passé suit une droite inclinée à 45 degrés de la droite vers la gauche et qu'un rayon

lumineux dirigé vers le futur suit une droite à inclinée à 45 degrés de la gauche vers la droite. La courbe bleue représente la trajectoire d'un objet provenant de l'infini dans le passé et se prolongeant vers l'infini dans l'avenir ».

(Diagramme de Penrose : Chaours.rv.pagesperso.orange.fr/physique/Stars/Black/ penrose.htm).

Notre interprétation du *Diagramme de l'espace-temps de Minkowski*(Diagramme de Penrose : Chaours.rv.pagesperso.orange.fr/physique/Stars/Black/ penrose.

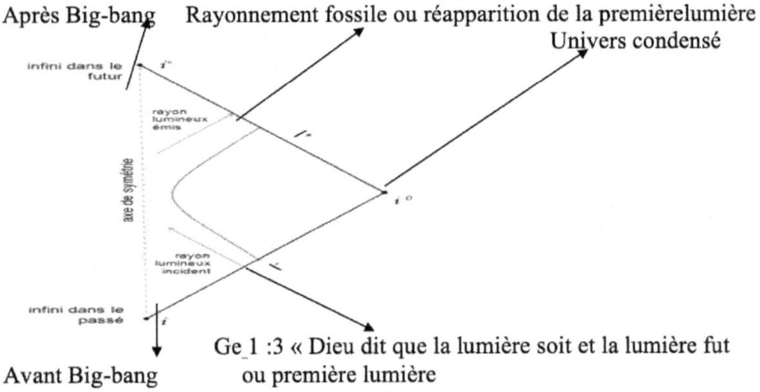

Notre interprétation du diagramme de Minkowski dans le cadre du Modèle Cosmologique Universel, est presque la même que ce que leurs auteurs, **Minkowski et Penrose** ont voulu démontrer. Cela constitue pour nous une preuve par les scientifiques que nous ne raisonnons pas dans le vide. Ce schéma scientifique montre qu'il y a bien eu un rayon lumineux incident avant le Big-bang et que dans le point **io** où l'univers s'est totalement condensé, rien ne pouvait plus être visible, ni même la lumière.

Section 4
Les principaux preuves de l'existence de la sphère de l'avant Big-bang

Tous les savants qui ont parlé jusque-là de l'avant Big-bang n'ont pas été crus parce que personne ne pouvait démontrer même en théorie une preuve scientifique testant de son existence. Les savants disent que ce fut une période où aucun phénomène ne pouvait plus être expliqué. Si cela est vrai entre la période comprise entre le moment du Big-bang et celui du mur de Planck, mais, cela ne l'ai pas pour l'avant Big-bang.

En effet, les cinq premiers versets de la Genèse dans la Bible, qui est le premier livre à parler sur le cosmos, nous montrent que non seulement qu'il y avait un avant Big-bang, mais en plus ce fut une période très dynamique comme nous pouvons le lire :

Ge *1 :2 La terre était informe et vide ; il y avait des ténèbres à la surface de l'abîme, et* **l'Esprit de Dieu se mouvait au-dessus des eaux**.
1 :3 Dieu dit : Que la lumière soit ! **Et la lumière fut**.
1 :4 Dieu vit que la lumière était bonne ; et **Dieu sépara la lumière d'avec les ténèbres**.
1 :5 Dieu appela la lumière jour, et il appela les ténèbres nuit. Ainsi, il y eut un soir, et il y eut un matin : ce fut le premier jour.

Certes, ceux qui ne sont pas encore convaincus me diront que les versets Bibliques, malgré que j'ai restitué scientifiquement tous les grands ensembles, ne peuvent être considérés comme les preuves scientifiques de l'existence de l'avant Big-bang. Eh bien ! Les plus grandes preuves scientifiques de l'existence de l'avant Big-bang, c'est le Big-bang et le rayonnement fossile.

4.1. Le Big-bang comme preuve scientifique de l'avant Big-bang

Nous n'avons pas encore abordé le point concernant le Big-bang. Mais l'univers d'avant Big-bang et l'Univers d'après Big-bang ont comme point commun le Big-bang. Les savants nous disent que la température de l'univers condensé frôlait les1015 degrés.

Nous avons dit que selon le Modèle Cosmologique Universel, l'Univers est naturellement froid et ténébreux. Pour qu'une chaleur ou une lumière apparaisse, il faut un soubassement physique ou des réactions physiques, voire chimiques.

Aucune matière ne peut scientifiquement commencer l'existence simultanément avec cette température. Nous avons dit que cette température des 10^{15} degrés prédite lors du Big-bang a été atteinte suite à la déflation cosmique d'un univers énergétique qualifié par les phrases bibliques de la mouvance d'un vent de Dieu au-dessus des eaux selon la Bible version Jérusalem (Ge 1.2).

L'étude des caractéristiques ou des propriétés de l'univers condensé, théorie acceptée par la majorité des scientifiques, témoigne de l'existence d'un avant Big-bang. Et, comme l'étude de notre univers commence par l'instant zéro qui est le Big-bang, ce mot devint aussi la preuve scientifique de l'existence d'avant Big-bang, comme nous l'avons dit, à travers les caractéristiques de l'univers à cet instant précis ou l'instant zéro.

Donc, la température qu'on attribue à l'univers condensé lors du Big-bang, confirmé par la température actuelle du fonds diffus cosmologique, prouve qu'il y a eu un avant

Big-bang dynamique. Bibliquement cet instant zéro ou Big-bang a été caractérisé par la phrase « Dieu sépara les eaux d'avec les eaux » (Ge 1 :6-7).

4.2. Le rayonnement fossile comme preuve observationnelle de l'Avant Big-bang

Le rayonnement fossile fait partie de preuve observationnelle de l'existence de l'Avant big-bang à cause de ces propriétés qui jusque-là demeure encore non exhaustives. Quant à nous, nous en retenons deux à savoir :

C'est un rayonnement électromagnétique, démontrant qu'il fut produit avant la création des atomes dans l'Avant big-bang. Tous les restes de rayonnement qu'on retrouve dans l'Univers, sont composé des noyaux atomiques, prouvant qu'ils sont produits après le Big-bang.

L'uniformité de sa temperature dans l'Univers, prouve qu'il était confiné dans l'univers condensé où toutes les extrêmes s'étaient unis avant l'expansion ou le Big-bang.

CHAPITRE V
Synthèse sur le rayonnement fossile ou la lumière fut !

Section 1
Le rayonnement fossile est « la lumière fut ! »

1.1 Le lien entre le rayonnement fossile est « la lumière fut ! »

Dans la science on nous dit que la première lumière appelée rayonnement fossile ou fonds diffus cosmologique est apparu 380 000 ans après le Big-bang. Dans la Bible par contre la première lumière était apparu avant le Big-bang connut bibliquement par le verset : *« Dieu dit que la lumière soit et la lumière fut ! »* (Ge 1 :3).

Quel lien y a-t-il entre les deux lumières ? Est-ce que c'est la même lumière ? Je pense que la réponse à cette question ne laissera personne indifférente ni dans le monde scientifique que chez les théologiens. Et, c'est à partir de cette réponse que le schéma biblique de la création devra désormais être publié comme étant fondé.

Le rayonnement fossile ou fonds diffus cosmologique, est reconnue scientifiquement comme étant la première lumière de l'Univers. Pour les scientifiques, c'est la trace fossile du découplage entre la matière et le rayonnement aux premiers âges de l'Univers. Réapparu 380 000 ans après le Big-bang, Il fut découvert en 1965 par deux ingénieurs américains ; **Arno Allan Penzias** et Robert Woodrow Wilson.

Jusque-là, je suis encore concentré sur les évènements qui se sont déroulés dans l'avant Big-bang tel que je l'ai découvert dans le schéma biblique de la création. Pour la science, le calcul mathématique a démontré que cette sphère n'a jamais existé.

Le fait pour moi de l'avoir découvert dans la Bible

constitue une grande révolution et l'une de plus grande découverte du XXIe siècle, car désormais, ça incitera les scientifiques à repousser les limites de leur raisonnement.

Jusque-là, j'ai développé les thèmes suivants qui sont très importants pour comprendre le schéma biblique de la création, à savoir :

- Les journées bibliques étaient des périodes ;
- La différence qu'il y a entre le ciel spirituel et le ciel physique ou l'espace dans le verset « au commencement Dieu créa le ciel » ;
- La différence entre la terre représentant l'univers et la terre représentant notre planète dans le verset « au commencement Dieu créa... la terre ». ;
- La signification de ce que signifie « le vent de Dieu se mouvant sur les eaux » et « l'abîme et le trou noir » dans le verset « il y avait les ténèbres dans la surface de l'abîme ».

Jusque-là, l'attention des chercheurs était concentrée sur l'origine du schéma biblique de la création. C'est pour la première fois, à travers le Modèle Cosmologique Universel, que les publiques reçoivent les vraies explications du contenu de ce schéma depuis que cela a été découvert dans des papyrus.

Dans ce livre nous avons vu un point très capital, qui pouvait même faire l'objet de l'actualité, car cela va confirmer que l'avant Big-bang fut une sphère réelle et que le schéma biblique de la création est réellement un schéma cosmologique et non seulement théologique. En plus, c'est à travers ce livre que les publics ont découvert pour la première fois l'origine physique du rayonnement fossile ou de la première lumière de l'univers selon qu'il est écrit *« Dieu dit : que la lumière soit ! Et la lumière fut »*.

Pour les non-cosmologistes, je tiens à leur signaler que cette première lumière n'a rien à voir avec la lumière que nous apporte l'apparition du Soleil. Ici, on parle sur une lumière qui était apparue avant la création de tous les astres, appelée scientifiquement **rayonnement fossile** et bibliquement « **Que la lumière soit !** »

Dans le premier récit cosmologique en provenance de l'antiquité, à savoir le schéma biblique de la création, nous découvrons que la première lumière fut apparue quand *« Dieu a dit que la lumière soit et la lumière fut »*. Tandis que pour la science, la première lumière est apparue pour les uns ou réapparut pour les autres, après 380 000 ans après le Big-bang.

Encore une fois, posons-nous la question « Quel lien y a-t-il entre l'apparition de la première lumière de l'univers au premier jour biblique et le rayonnement fossile » qui est reconnu scientifiquement comme étant la première lumière de l'Univers apparu ou réapparu 380 000 ans après le Big-bang ?

Jusque-là, les gens ont dit qu'il n'y avait aucun lien avec un seul slogan, « la Bible n'est pas un livre scientifique » ou que je fais du concordisme. Je leur demande de lire avec un jugement objectif ce qui va suivre et de mettre un peu de côté leur considération erronée sur l'origine du schéma biblique de la création tel qu'on les enseigne dans les universités, et comme transcrit dans les encyclopédies. Le schéma biblique de la création a été écrit par le plus grand savant que l'Univers n'a encore eu jusqu'à ce jour, à savoir Moïse.

Dans le verset « **Dieu dit que la lumière soit et la lumière fut** », même si un témoin fictif était là surplace, il n'aurait jamais vu Dieu à l'œuvre en train de dicter l'apparition de la lumière. Dieu étant invisible, le témoin fictif aurait vu tout simplement que c'est un ensemble des phénomènes physiques qui a fait apparaître la lumière.

C'est pour cela que le savant anglais Stephen Hawking dans son ouvrage *The Grand Design*, publié en 2010, argumente que l'Univers a surgi spontanément et que seules la physique et ses lois sont à l'origine de ce phénomène. La raison est que, Dieu est toujours un héros dans l'ombre et que seuls ceux qui croient en lui, pouvaient voir sa puissance lors de l'accomplissement d'un évènement.

Ainsi, même si dans cette publication, nous démontrons la provenance physique de cette lumière dans le verset *« Dieu dit que la lumière soit ! Et la lumière fut »*, cela n'exclut pas l'intervention divine dans l'ombre.

En effet, si L'auteur de ces écrits, qui pour nous est Moïse, a attribué cette apparition par une parole divine à Dieu, c'était pour démontrer que ce n'était pas un hasard de la nature ou seulement une conséquence physique, mais que le processus de la formation de l'univers suivait un plan divin. C'est pour cela que les apparitions de tous les grands ensembles ont été précédées par les termes « Dieu dit, Dieu fut, Dieu créa ».

Selon nos découvertes à travers la Bible, l'Univers a commencé dans un vide selon le verset « la terre était invisible et vide » (Gn1 : 2). Or, selon la science, « *dans un vide parfait, quand l'agitation des constituants d'un corps est nulle, la température approche le zéro absolu ;* (- 273,15 °C) ». (Cfr : https://www.science-et-vie.com/article-magazine/ou-fait-plus-chaud-dans-lunivers ?.

Ainsi, si le froid et les ténèbres font partie de l'état naturel de l'Univers selon le verset ; « *il y avait les ténèbres dans la surface de l'abîme* » (Ge 1 ; 2), mais, pour que la chaleur générant une lumière apparaisse, il faut un soubassement physique. Ce soubassement ne peut pas être une parole magique comme l'a dit le Pape François dans son discours en 2014 *« Dieu n'est pas un magicien qui dicté simultanément l'apparition des choses »* peut-on lire dans le Guardian.

Donc, pour qu'il y ait une lumière, Il faut qu'il ait une agitation des constituants des matières se trouvant dans un corps.

Alors qu'elle était le vrai soubassement physique dans l'Avant Big-bang pour que la lumière apparaisse tel que cela est écrit dans le verset « **Dieu dit : Que la lumière soit ! Et la lumière fut ?** »

Les phénomènes clés pour qu'on aboutisse jusqu'à l'apparition de la lumière commencent par le premier verset qui dit : « *au commencement Dieu créa... une terre invisible et vide* » selon la Bible version Septante. La terre représentant une sphère physique, mais la Bible nous dit que cette sphère fut vide, si bien qu'il était invisible pour un témoin fictif, tout comme aussi l'air nous semble invisible. Ce fut l'état de l'univers à son début dont la Bible est le seul à émettre cette description qui passa inaperçu des siècles et des siècles.

En fait, une chose invisible est une chose qui existe mais qu'on ne peut voir si bien que cela semble être vide et inexistant. Donc, on était seulement dans un univers remplie de l'énergie représentait par l'esprit de Dieu et des particules, représentaient par les eaux.

En effet, scientifiquement le vide dans l'espace a toujours été un vide quantique, c'est-à-dire qu'il y a toujours la présence de l'énergie et des particules, virtuelles soient-elles. Ces termes scientifiques étant INEXISTANT à l'ère où le schéma biblique de la création fut écrit, l'auteur du schéma biblique de la création a dû utiliser les mots suivants :

Terre invisible et vide signifiant **l'univers** à son

commencement ; une sphère remplie par des matières invisibles si bien qu'elle semblait être vide pour un témoin fictif.

L'esprit, le souffle, un vent de Dieu signifiant **l'énergie** du vide ; une force que l'auteur a attribuée à Dieu. Les recherches scientifiques sont en cours pour déterminer cette énergie qui lie les particules. On parle parfois des gravitons, mais dans l'Astrothéologie, nous démontrons son essence.

Mouvoir sur les eaux veut dire que ce souffle, ce vent, cet esprit de Dieu sur l'eau n'était pas statique mais dynamique, c'est-à-dire en action. Ceci couvre l'ensemble des phénomènes faisant partie de la mécanique quantique qui cherche à élucider comment l**a matière** est apparue à partir du vide et comment elle a évolué du virtuel au réel.

Les eaux qui représentaient tout simplement **les particules** (du virtuel aux réelles) ou la **matière invisible** contenue dans une terre invisible (univers) et vide au départ.

Dans l'antiquité, les termes « particules et matières » n'existaient même pas. D'où l'utilisation du mot **« hydro »** dans la version originale en hébreu que les traducteurs ont traduite par eaux.

Au 18e siècle, Antoine Laurent de Lavoisier, (1743-1794), chimiste français considéré comme le fondateur de la chimie moderne, donna le nom d'**hydrogène** qui signifie ce qui génère de l'eau à l'élément le plus abondant de l'Univers, sans savoir qu'il avait confirmé la Bible. À savoir aussi que selon la nucléosynthèse, c'est l'hydrogène qui est à la base de la création de tous les éléments et de toute la matière.

Section 2
La création des particules ou eaux selon la Bible

2.1. L'apparition de la première lumière

Image dynamique d'un trou noir

Simulation d'un vent ou d'un esprit de dieu se mouvant sur les eaux

Ge 1 :1 *Au commencement, Dieu créa les cieux et la terre.*
2 *La terre était informe et vide : il y avait des ténèbres à la surface de l'abîme, et un vent de Dieu se mouvait au-dessus des eaux. (Version Jérusalem)*

Donc, dans le verset « **un vent de Dieu se mouvait sur les eaux** », nous sommes dans le processus des phénomènes qui se déroulaient dans l'avant big-bang. Cela veut dire que sur base de l'énergie du vide (un vent de Dieu), toutes les particules étaient en agitation.

Dans cette interaction ou collision, particules-antiparticule, il a eu annihilation et création et cela a conduit à la formation d'un axe où tout se dérouler. Cette concentration comprimée l'univers jusqu'en faire une sorte de trou noir dénommé « **abîme** » dans la Bible selon qu'il est écrit « **il y avait des ténèbres dans la surface de l'abîme** » (Ge 1 :2).

Dans les observations (Cfr : https://www.science-et-vie.com/ciel-et-espace/l-univers-serait-conscient-59127), les zones où il fait le plus chaud dans l'Univers **sont celles où la matière est concentrée et très agitée** selon qu'il est écrit bibliquement « **un vent de Dieu se mouvait sur les eaux** », entraînant la déflation cosmique de la matière qualifiée des eaux dans la Bible. En se confinant davantage, cela entraînait l'augmentation de la température générant **la chaleur sous forme de plasma qui fut la source de la première lumière de l'Univers** dans l'avant Big-bang décrit bibliquement dans le verset « **Dieu dit : Que la lumière soit ! Et la lumière fut** ».

Si nous lions les versets du premier jour qu'on pensait comme étant indépendant les uns des autres, ça deviendra *« la terre étant invisible et* **vide**, *l'esprit de Dieu se mouvant au-dessus des* **eaux**... *Et il y eut apparition* **de** *la* **lumière** ». (Ge 1 :1-3).

Je répète, cette découverte est faite dans le cadre de la cosmologie qui tente de percer les mystères qui se cachent dans le schéma biblique de la création, qui est le premier schéma cosmologique en provenance des papyrus.

2.2. La création de la matière à partir du vide

Scientifiquement, la relation entre **vide, matière** et lumière est décrite dans la citation suivante : *« Les amours bien particulières de la matière et du vide nous offrent des surprises étonnantes. Matière, lumière et vide* *s'interpénètrent. La matière est un produit du... vide. En effet, elle émet des photons qui sont des couples particule/antiparticule comme en contient le vide ».* Robert Paris http://www.matierevolution.fr/spip.php ?article37

Bibliquement cela est décrit de la manière suivante : « *Les amours bien particulières de la matière* **(représentaient par eaux selon la Bible**) *et du vide* **(représentait par terre invisible et vide selon la Bible)** *nous offrent des surprises étonnantes. Matière, lumière et vide s'interpénètrent. La matière (***eaux selon la Bible)** *est un produit du... vide (***terre invisible et vide selon la Bible)**. *En effet, elle émet des photons (lumière :* **Et la lumière fut selon la Bible**) *qui sont des couples particule/antiparticule comme en contient le vide ».* Robert Paris http://www.matierevolution.fr/spip.php ?article37

Cette citation faisant partie des observations et expérimentations scientifiques est la meilleure parmi tout ce que j'ai découvert pour expliquer la provenance des eaux dans le verset 'un esprit de Dieu ou une énergie se mouvait sur les eaux. Ce que je suis en train de décrire, semble être des simples phrases pour les théologiens et les publics. MAIS, pour les astrophysiciens, ce ne sont pas des simples phrases car je suis en train de démontrer comment les évènements se sont passés dans l'Avant en m'inspirant de la Bible.

La citation ci-dessus, répond à la question pourquoi au premier jour biblique, il n'était écrit nulle part que Dieu créa les eaux. Scientifiquement la réponse fut « *La matière (***eaux selon la Bible)** *est un produit du... vide (représentait par le verset « terre* **invisible et vide selon la Bible** »).

En plus cette citation répond aussi à la question pourquoi la lumière vient en troisième position par rapport au vide et eaux et pourquoi tous ces trois phénomènes sont liés en un seul jour par les versets suivants « « *la terre étant invisible et* **vide**, *l'esprit de Dieu se mouvant sur les* **eaux**... *et il y eut apparition* **de** *la* **lumière** ». (Ge 1 :1-3).

L'univers continua son cycle de condensation selon le verset « un esprit de Dieu se mouvait sur les eaux », devint très condensé que même la lumière ne put s'échapper malgré la chaleur qui aurait régné au moment du temps de Planck (10^{-43}s après le big bang). Il faisait alors à peu près $1{,}4.10^{32}$°C, soit 140 000 milliards de milliards de milliards de degrés ! (Cfr : https://www.science-et-vie.com/article-magazine/ou-fait-plus-chaud-dans-lunivers ?).

Qu'est-ce qui prouve effectivement que la Bible a parlé de cette chaleur ? Avant que l'univers puisse se condenser à l'extrême, l'émission d'une lumière selon le verset « Que la lumière soit ! Et, la lumière fut » démontrait qu'au fur et à mesure que les particules se contracter dans un axe formant un abîme selon la BIBLE, elles ont fini par se chauffer, générant une forte chaleur, entraînant l'émission de la lumière décrit bibliquement par le verset « Que la lumière soit ! Et, la lumière fut ». Là on n'est dans l'Avant Big-bang. Un certain moment, l'univers fut très condensé que même cette lumière ne pouvait plus échapper. Ce ne fut que 380 000 ans plus tard après le big-bang, entraînant de nouveau l'expansion de l'univers, que la lumière (*que la lumière soit*) put de nouveau s'échapper et est connue scientifiquement à ces jours sous le nom du rayonnement fossile ou fonds diffus cosmologique.

2.3. Preuves scientifiques que « la lumière biblique » est le rayonnement fossile

Quels sont les Preuves scientifiques qui confirment que « la lumière fut et la lumière soit ! selon la BIBLE est réellement le rayonnement fossile ou le fonds diffus cosmologique ?

Nous avons dit que le rayonnement fossile est considéré scientifiquement comme la première lumière de l'Univers et baigne actuellement toute l'espace. Apparu 380 000 ans après le Big-bang, c'est sur base de ce rayonnement qu'on a pu calculer avec un peu d'exactitude l'âge de l'univers. Plusieurs hypothèses ont été émises concernant son apparition et on parle beaucoup plus de la recombinaison, c'est-à-dire l'univers n'étant plus dilué à l'extrême après le Big-bang, les photons pouvaient se déplacer sur de longues distances. (Cfr : Définition | Recombinaison | Futura Sciences (futura-sciences.com). Mais, cela n'explique pas clairement l'origine de cette lumière.

Les autres preuves aussi ne tiennent pas debout quand on sait que l'expansion de l'univers s'effectue à une vitesse plus que celui de la lumière et que cela devrait marquer un décalage dans l'espace entre l'extension de ce dernier et le rayonnement fossile. Or, on constate que le rayonnement fossile dans l'Univers apparaît homogène, à grande échelle, dans toutes les directions.

En plus, ce qui prouve que c'est un rayonnement qui est apparu par la volonté divine et que Dieu s'en attarda beaucoup jusqu'en donner le nom « Jour », est qu'il protège l'univers de se retrouver en dessous du zéro absolu. Par là je réponds à la question sur le pourquoi de ce rayonnement dont la science ne peut jamais répondre. Seul le Modèle Cosmologique Universel issu de l'Astrothéologie tente de répondre aux questions sur « le pourquoi ».

Enfin, pour que le cosmos ait le même aspect en tout point, il faut qu'une forme d'interaction se soit établie entre les régions éloignées de l'espace afin que leurs propriétés se soient homogénéisées. Cela ne pouvait être possible que si le rayonnement fossile était déjà présent dans l'univers condensé (vestige d'Avant Big-bang) et, où tous les extrêmes se sont rencontrés et ont pu bénéficier d'une même température.

Cette hypothèse rend fonder mes prédictions selon laquelle le fonds diffus cosmologique aurait premièrement apparu pendant que l'univers se condensait tout en se chauffant dans la période d'Avant Big-bang, et cela justifie aussi pourquoi ces propriétés font partie de la nature même de l'Univers dans la période d'après Big-bang.

Il y a aussi plusieurs hypothèses des grands cosmologistes tels que celui du savant Britannique Roger Penrose (Prix Nobel de la physique en 2020) qui affirment que le Rayonnement fossile est un vestige de l'Avant Big-bang. Mais, je suis le premier à prédire son origine en m'inspirant ou en le découvrant dans la Bible *(Que la lumière soit !).* Et, je suis aussi le premier à venir avec des arguments solides liés sur sa composition (rayonnement électromagnétique) et son homogénéité dans l'Univers pour étayer mes preuves.

En effet, selon Will Kinney, de l'université de Buffalo, « *les images du rayonnement fossile tel que prisent par les Télescopes, montrent qu'il est presque parfaitement uniforme, ce qui indique que l'univers primordial était quasi homogène et isotrope, c'est-à-dire identique dans toutes les directions. C'était un véritable choc : aucun processus connu ne permettait d'expliquer cette homogénéité de la matière d'un bout à l'autre de l'Univers* ». (Cfr : Magazine Epsiloon, Hors-serie n° 5, p.37, Paris 2022).

Cette observation, qualifiée de véritable choc, se justifie plutôt par la rencontre de tous les extrêmes dans l'Univers condensé avant le Big-bang.

À présent que j'ai allumé la brèche, d'autres astrophysiciens amèneront beaucoup des preuves que moi.

Ainsi, le lien entre les deux lumières, biblique

et scientifique et leur origine sont des découvertes personnelles. Désormais, chaque fois que nous verrons l'image du fond diffus cosmologique, nous pouvons dire que c'est l'image de la lumière à laquelle il est décrit dans la Bible « **Que la lumière soit ! Et, la lumière fut** ».

Il y a encore beaucoup à dire concernant cette lumière qui nous amènera à résoudre les grandes énigmes qu'on constate actuellement dans l'Univers.

Ainsi, la déduction selon laquelle le rayonnement fossile est un vestige de l'Avant Big-Bang qui fut une période énergétique, est cette lumière auquel il était dû que 'la lumière soit ! Et, la lumière fut ! », fait partie du Modèle Cosmologique Universel.

Avec les livres qui expliquent l'Univers selon le Modèle Cosmologique Universel, vous aurez toutes les éclaircissements sur le schéma biblique de la création. Ces livres viennent d'apporter un nouveau souffle dans la théologie et une révolution dans la science.

Chapitre VI
Science et religion

Section 1 :
L'unité entre la science et la religion

1.1. Appel à l'unité science-religion

La science et la religion peuvent-ils s'unir ? Si Adam et Ève n'avaient pas péché, on ne parlerait même pas de la religion. La relation entre l'homme et Dieu aurait été normal et naturel comme celle qui nous unit à nos parents. Les deux disciplines qui semblent être divergent aujourd'hui devraient plutôt arriver un jour à un point de convergence comme c'était à l'origine.

En parlant de la religion, nous ne parlons pas de l'adoration qui est la seule vision que les athées se font des croyants, mais plutôt de ce qu'elle enseigne. L'enseignement religieux et scientifique cherche tous deux à dissiper l'ignorance comme nous pouvons le lire dans ces phrases introductives du Principe divin :

« *Depuis l'aube de l'histoire jusqu'à nos jours, les êtres humains n'ont eu de cesse de chercher la vérité qui permette de vaincre les deux types d'ignorance pour atteindre la connaissance. L'humanité a emprunté le chemin de la religion pour chercher la vérité intérieure, tout en poursuivant la vérité extérieure par le chemin de la science. La religion et la science, chacune dans son domaine, ont été les méthodes pour chercher la vérité afin de vaincre l'ignorance et de parvenir au savoir. En définitive, le chemin de la religion et celui de la science devraient aboutir à une démarche conjuguée pour résoudre leurs problèmes ; les deux aspects de la vérité, intérieure et extérieure, devraient se développer en pleine communion. Alors seulement goûterons-nous au bonheur éternel, complètement affranchis de l'ignorance et vivant totalement dans le bien, en accord avec les désirs de notre âme originelle* ».

(Cfr : Présentation du principe divin : éd. Culture et Paix, Paris, 2013, Pp29-30).

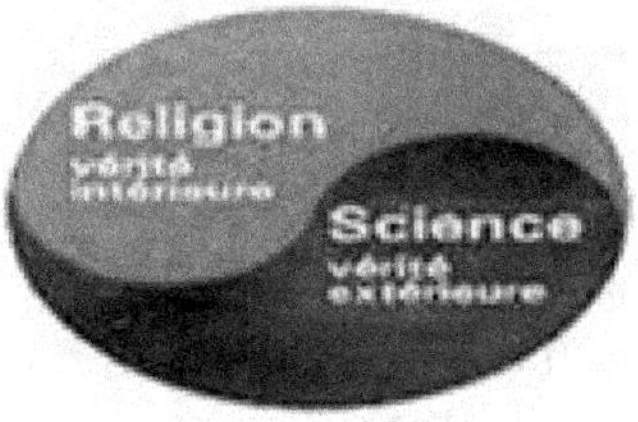

Source : Principe Divin niveau 4, p18

1 Ti 2 :3-4 « Cela *est bon et agréable devant Dieu notre Sauveur, qui veut que tous les hommes soient sauvés et parviennent à la connaissance de la vérité* ».

1.2. Dieu inspire ceux qui raisonnent sur la genèse de l'univers

J'avais dit au début que Dieu parle aux savants sans que ces derniers s'en aperçoivent. En voici quelques cas :

– En parlant des ondes de la lumière émise par le soleil, nous disons le rayon du soleil. Moïse a utilisé le terme « lumière », mais, quand la science a découvert les ondes de la lumière céleste, elle l'appela rayonnement ». Entre « lumière » de Moïse et « rayonnement »de la science, on sent encore une fois que la source d'inspiration du nom est le même, c'est Dieu.

– Et un point encore qui étonne les hommes de science dans ces révélations, c'est la désignation du mot « eaux » comme matières primitive de l'Univers par Moïse et dans la philosophie antique. Après la découverte de l'hydrogène par Henry Cavendish en 1766, Lavoisier ne savait même pas que celle-ci occupait la majeure partie de l'Univers. Sans même faire allusion à la Bible, il le baptisa « hydrogène ». Or, hydro signifie eaux. Dans, l'eau nous avons l'hydrogène avec l'oxygène. Cela démontre encore que l'appellation de cet élément et celui de Moïse proviennent de même source ; c'est Dieu notre Père.

Ainsi, Moïse mérite son appellation de « savant des savants » et les autres tomes ne cesseront de confirmer cela.

Section 2
Dieu est le géniteur du cosmos

En effet, dans la Bible, il n'y a que la vérité, mais, dans la science, il y a des théories. Une vérité peut avoir de limite et être bannie suivant les circonstances. Elle ne peut être remplacée que par une autre vérité comme Saint Paul l'a dit : « quand c'est qui est parfait viendra, ce qui est partiel disparaîtra » (1 Co 13 : 10).

Une théorie par contre, c'est quelque chose qui peut être discutable, qui peut être changée et qui peut être détruite à tout moment. C'est le fruit de l'intelligence de l'homme. Et, selon Emile Durkheim, cité par J. Baker, une loi se crée après une observation bien faite, de même que, souvent, une expérience bien conduite.
(Cfr : J. Baker : *50 clés pour comprendre l'astronomie*, éd. Dunod, Paris, p.175).

Aussi, dans ce livre, ce qui est une vérité et qui n'est pas discutable sur l'avant Big-bang, c'est ce que nous pouvons lire sur la Bible :

Ge 1 :**2** *« La terre était informe et vide : il y avait des ténèbres à la surface de l'abîme, et l'esprit de Dieu se mouvait au-dessus des eaux.* **3** *Dieu dit : Que la lumière soit ! Et la lumière fut.* **4** *Dieu vit que la lumière était bonne ; et Dieu sépara la lumière d'avec les ténèbres.* **5** *Dieu appela la lumière jour, et il appela les ténèbres nuit. Ainsi, il y eut un soir, et il y eut un matin : ce fut le premier jour. »*

La version scientifique et sans commentaire de tous ces versets, nous l'avons baptisée « le Modèle Cosmologique Universel ». Dans ces versets les grandes découvertes sont les suivantes :

– La terre informe et vide représentait l'Univers à son début où il n'y avait rien. (Gé 1 :2)

– Les ténèbres non seulement répresntaient une lueure noire mais, contenaient aussi différentes énergies et rayonnements.

– L'abime représente l'espace de concentration des particules originelles (matières originelles pour être mieux compris par les profanes) et on parle de trou quand dans le vide primitif, il se formait quelque chose qui a des limites. C'est la première déformation du tissu de l'espace-temps, voire le premier trou noir.

– L'esprit de Dieu ou un vent de Dieu représente la première force aux propriétés gravitationnelles qui attiraient la matière dans l'avant Big-bang.

– Les eaux représentent les particules originelles et les matières originelles.

– La lumière qui vint à la fin, représente le rayonnement.

– La séparation des eaux d'avec les eaux représente le Big-bang.

Je rappelle avec insistance aux chercheurs que le Modèle Cosmologique Universel ne leur est pas imposé comme un acte de foi. Qu'ils fassent les analyses sur tous mes arguments. D'ailleurs, plusieurs questions qui étaient sans réponse dans les autres Modèles, mais, en s'inspirant des arguments du Modèle Cosmologique Universel, la voile est levée.

La science naturelle n'a pu découvrir à ce jour rien sur l'Univers qui peut mettre en doute le schéma biblique de la création. Le Big-bang était devenu le point d'origine pour tous les calculs sur l'Univers. Mais, le Modèle Cosmologique Universel vient de faire reculer ces calculs à l'avant Big-bang. Il oriente actuellement toute une science sur un nouveau cheminement avec des idéaux à atteindre. Par conséquent, le Modèle Cosmologique Universel complété tous les modèles cosmologiques.

Moïse et Empédocle dont nous allons développer leurs pensées dans d'autres livres, sont selon mes recherches jusque-là, les seuls qui ont raisonnés sur les origines de l'univers avant Jésus-Christ et ont offert les schémas. Après Jésus-Christ, jusqu'au 21e siècle, il n'y eut que le Rév. Sun Myung Moon qui apporta une nouvelle contribution en raisonnant sur les origines des forces intérieures, source du dynamisme du cosmos. Les autres savants ne raisonnent que sur les éléments de l'univers et son fonctionnement. Ceux qui ont voulu aller jusqu'au niveau des origines, ont tous échoué en écartant Dieu.

Après le Big-bang, l'humanité vit dans un monde des résultats dont nous en faisons partie. Donc, étant nous-mêmes des résultats, malgré nos laboratoires de simulations, nous serons toujours butés à l'après cause. Cela ne signifie pas que nous devrons nier Dieu parce qu'on ne peut pas avancer notre recherche au-delà de la cause. Voilà pourquoi, tous les modèles cosmologiques ne doivent être que le développement du schéma Biblique sur la création.

Comme je l'ai dit, cette phrase est une recommandation et une insistance divine. Je ne suis ni un prophète, ni un religieux, mais j'ai reçu cette recommandation par vision le jour où j'avais découvert par mes recherches que le Big-bang est biblique (2012). Qu'on le croit ou nom, ça ne change rien. Ce fut une journée de bonheur dans ma vie, car c'est après cela que j'ai su que le premier jour biblique faisait partie de l'Avant Big-bang. Le restituait aussi ne fut pas une mince affaire. Jusque-là, je continue toujours mes recherches.

En parlant du Modèle Cosmologique Universel, je ne le parle pas comme un message ou un enseignement reçu de la part de Dieu ; mais ce sont plutôt les résultats de mes recherches objectives sur le schéma biblique de la création et la cosmologie.

Donc, c'est un modèle qui n'a rien à voir avec un sermon ou une prédication. Nous en faisons plutôt la vulgarisation. Le schéma Biblique de la création est le premier schéma cosmologique, restitué scientifiquement dans le Modèle Cosmologique Universel.

Désormais, le Modèle Cosmologique Universel, que les savants devraient reconnaître scientifiquement, devrait servir des fondements pour d'autres modèles. Il offre un schéma plus approfondi que les autres modèles cosmologiques et vient d'éclaircir plusieurs points sombres et corrige même les conceptions de certains modèles. (Cfr : le livre : le schéma biblique de la création face aux autres modèles)

Le Modèle Standard qui a régné pendant un siècle ne répond plus à plusieurs questions comme le fait remarquer le Prof. Aurélien Barreau dans son livre Big-bang et au-delà (éd. DUNOD) : « *La théorie du Big-bang en cosmologie est satisfaisante à bien des égards, mais ne répond pas à des anomalies observées, comme l'énergie et la matière noires* ».

Cette énigme est contenue dans le verset *« Dieu sépara la lumière d'avec les ténèbres »*. (Gé 1 : 4). J'avais dit que le nom de Dieu n'intervient que pour démontrer son action, sa volonté et son plan, mais le phénomène lui-même fut physique.

Désormais, avec la collection des livres « Les Versets des savants » et de « l'Astrothéologie », Dieu vient d'entrer dans le débat scientifique en tant que Créateur. Tout ceci pour faire dire aux savants que le « Modèle Cosmologique Universel » est un Modèle scientifique.

Conclusion sur l'avant Big-bang

Désormais, le Modèle Cosmologique Universel donne une nouvelle matière à réflexion aux savants pour le cosmos d'avant Big-bang. La Bible a parlé en compréhension et il appartient aux savants de l'étendre en extension. Nous avons relevé sept grandes structures suivantes d'avant Big-bang :

– **La terre était informe et vide** : Univers sans forme et vide au départ ; un vide quantique ou un néant physique ;
– **Les ténèbres : état naturel de l'univers et** siège des plusieurs énergies et rayonnements. Si on enlevait tous les astres de l'univers, il ne restera qu'un espace ténébreux contenant l'énergie du vide.
– **Surface de l'abîme** : contours du trou noir, zone d'entrée et d'accrétion de la matière.
– **Abîme : semblable à un trou noir ou** première déformation de l'espace ; lieu de concentration des premières particules originelles
– **l'esprit de Dieu ou un vent de Dieu** : Force première universelle. Énergie de la matière et sur la matière, Force contractive d'avant Big-bang ; énergie du vide.
– **Eaux :** matières originelles au départ, ensembles des particules et matières d'avant Big-bang qui évoluera en matières d'après Big-bang.
– **Lumières** : chaleur, feux, rayonnements

La combinaison de ces sept ensembles a abouti au Big-bang ou à la séparation des eaux d'avec les eaux (Ge 1 :6).

À travers tout ce qui vient d'être dits sur l'avant Big-bang, les grands ensembles sur la formation de l'Univers ont été déjà découverts par la science et décrits par Moïse dans la Bible. Il intercalait la manifestation physique pour le passage d'un phénomène à l'autre par les expressions « Dieu dit, Dieu fit, Dieu créa » pour démontrer que cela faisait partie de la volonté et du plan de Dieu. Moïse s'est limité à raconter l'histoire, mais, il n'a rien négligé. S'il avait eu le temps d'offrir à Israël une nation, toutes ses formules auraient été dévoilées et enseignées.

J'ai beaucoup parlé sur l'avant Big-bang parce que je suis aussi le premier à en parler avec conviction et à offrir des vulgarisations. Je suis aussi le premier à découvrir dans la Bible des phénomènes cosmologiques que la science est en train de confirmer à savoir :

- L'Univers a eu un commencement (au **commencement** Dieu **créa** les cieux et la terre) ;
- Au commencement il y avait un chaos (la terre était **informe et vide**) ;
- L'avant Big-bang était une période active (l'esprit de Dieu se mouvait au-dessus des eaux jusqu'à l'apparition de la lumière) ;
- La déformation de l'espace ou le trou noir est biblique **(l'abîme)**
- La Force première universelle (**l'esprit de Dieu** ou un **vent de Dieu** se mouvant au-dessus des eaux) avec les propriétés gravitationnelles ;
- Les particules ou matières originelles sont bibliques (**les eaux** bibliques d'avant leur séparation des eaux d'avec les eaux).
- Le rayonnement fossile est biblique (et, **la lumière** fut !

- Le Big-bang est biblique (Dieu sépara les eaux d'avec les eaux).

La compréhension de la cosmologie selon le schéma de la création biblique, que les savants ont négligée, croyant avoir affaire à un acte de foi, devient désormais le but à atteindre pour avoir la vraie connaissance sur l'Univers.

Enfin, l'analyse des modèles cosmologiques orientale et occidentale antiques que nous allons découvrir dans d'autres livres, va confirmer le schéma de la création biblique tel que restitué dans le Modèle Cosmologique Universel, le rendant universel.

Bibliographie

I. LITTERATURES SCIENTIFIQUES

– Aurélien Barrau, *Big-bang et au-delà, balade en cosmologie*, éd. Dunod, Paris

– Aux Frontières de L'Univers – Du Big-bang au Quark » Marceau Felden – 2005

– Basset, Bruce & Edney Ralph, *Relativité*, Icon books ltd, Londres, 2009.

– Bojowald, Martin, *l'Univers en rebond*, folio 575

– Douce Roland & Postaire Eric, *Les origines de la vie*, Gallimard, 2016.

– Galfard, Christophe, *E=mc*, Flammarion, 2017

– Heidmann, jean : Sommes-nous seuls dans l'univers, Fayard, Paris, 2000.

– Herrmann, Joachim, *Atlas d'Astronomie*, ed. Stock, Paris, 1976

– Igor & Bogdanov Grichka, *Avant le Big-bang*, Grasset, 2004.

– *J. Baker, 50 clés pour comprendre l'astronomie, éd. Dunod, Paris 2016*

– Jean Bricmon, La mécanique quantique pour non physiciens, B-1348 Louvain-la-
Neuve, Belgium

– Klein, Etienne : *Les secrets de la matière*, éd. J'ai lu, Paris, 2018.

– Klein, Etienne : Discours sur l'origine de l'univers, éd. Flammarion 2016.

– Pluchet, Blandine, *La physique quantique pour les nuls*, éd. First, 2018.

– Reeves, Hubert : *L'heure de l'ivresse ; L'univers a-t-il un sens* ? Le Seuil, 1986

– Sagan, Carl : *Cosmic Connection*, ed. du Seuil, Paris, 1975

– Sarrailh, Claude, *Le secret de la vie*, éd. Librinova, 2018
– *Stephen Hawking, Une brève histoire du temps, trad.I. Naddeo-Souriau, Paris,*
Flammarion, 1989
– Whyntie & Pugh, Oliver, *La physique des particules en image*, EDP Sciences, 2014.

II. LIVRES RELIGIEUX

– *Bible Louis Segond*

– *Bible de Jérusalem*

– *BABYLONE LA GRANDE EST TOMBÉE - le royaume de Dieu a commencé son*

Règne. Tour de Garde, JW.org,

– *Présentation du Principe divin : éd. Culture et Paix, Paris, 2013*

– *Le Principe divin, niveau 4, introduction*

– *FFPMU : La pensée de l'unification*

– *VIE UNIVERSELLE : Les champs de rayonnement, Würzburg 1, 1986.*

III. COLLECTIONS

– Les défis de la science : *l'origine de la vie*, édité par RBA coleccionables, S.A.U.

2018, Barcelone.

– Les défis de la science : *La théorie du Tout*, édité par RBA coleccionables, S.A.U.

2019, Barcelone.

– Les défis de la science : *Au-delà du Boson de Higgs*, édité par RBA coleccionables,

S.A.U. 2018, Barcelone.

– Voyage dans le cosmos : *Les trous noirs*, édité par RBA coleccionables, S.A.U.

2020, Barcelone.

– Voyage dans le cosmos : *Les exoplanètes*, édité par RBA coleccionables, S.A.U.

2020, Barcelone.

– Voyage dans le cosmos : *Le boson de Higgs*, édité par RBA coleccionables, S.A.U.

2020, Barcelone.

– Voyage dans le cosmos : *L'espace-temps quantique*, édité par RBA coleccionables,

S.A.U. 2020, Barcelone.

– Voyage dans le cosmos : *Les univers parallèles*, édité par RBA coleccionables,

S.A.U. 2020, Barcelone.

– Voyage dans le cosmos : *La matière noire*, édité par RBA coleccionables, S.A.U.

2020, Barcelone.

– Voyage dans le cosmos : *Le vide et le néant*, édité par RBA coleccionables, S.A.U.

2020, Barcelone.

IV. COURS & TRAVAUX PRATIQUES

– Lachieze-Rey, Marc : *Initiation à la comologie*, 5è éd, Dunot, Paris, 2013.

– Matthews, P.T., *Introduction à la mécanique quantique*, Dunod, Paris, 1970.

– Ir. MPANZU KIADI BABAKA et l'Ir. NIMI M., Travaux pratiques de mécanique quantique : explication de la mécanique quantique, UPN –RDC- 2017, inédit

V. REVUES ET JOURNAUX

– *Les secrets de l'espace 07 : # HORS SERIE#, Les mystères de l'Univers*

– C. Bonneau, Science&Vie Hors-séries n° 288, 09/2019, p.55

– Hugo Leroux, Science&Vie Hors-Série n°288, 09/2019, p.58

– La Libre Belgique 2005. Guy Duplat

– Des signaux extraterrestres détectés par les équipes deStephen Hawking ;

Paris Match ; Publié le 04/09/2017 par Camille Hazard

– Magazine epsilon, hors-série n° 5/2022).

– Magazine « SCIENCE&VIE » n° 1263 décembre 2022

VI. SITES WEB

– astropolis.fr/Le Big-bang : Instant zéro ou "singularité initiale

– *boowiki.info/art/cosmologie/cosmologie-conforme-cyclique*

– Express.fr, les premières secousses du Big-bang expliquées par Grichka Bogdanov,

par Jérémie Pham-Lê, publié le 18/03/2014

– futurascience.com/10 questions essentielles sur l'Univers/ le 19/08/2019

– futura-sciences.com/sciences/definitions/ physiquephysique-quantique-13197

– futura-sciences.com/sciences/definitions/Univers-voielactee-3729 par Floriane

Boyer

– *Futura-sciences.fr*, La bizarre asymétrie du rayonnement fossile : une énigme

résolue ? le 02/01/2009 par Laurent Sacco).

– futura-sciences.com/sciences/définitions/chimie-zircon-4668

– Futurasciences, JP Luminet, Singularités et temps zéro

– *futura-sciences.com /Luigi Bianchi, Nous serions perdus dans un Univers isotrope*

– *futura-sciences.com/sciences/actualites/cosmologie-preuveavant-big-bang-roger-*

penrose

– futura science.com, Origine de la vie : nouvelle piste avec des poussières

interstellaires, *par Laurent Sacco, le 23/11/2017*

– Les grands Entretiens d'Actu-Philosophia,Entretien avec Aurélien Barrau, 5 juin

2012, par Florian Forestier sur web

– matierevolution.fr/spip.php ?auteurs2Matière noire, énergie noire : le chaînon

manquant ? le 13/11/2007, par FaberSperber, Robert Paris

– matierevolution.fr/spip.php ?article38Le vide,... pas si vide, le23/06/2010, par

Robert Paris

– *matierevolution*.fr/spip.php ?article, Les bulles de vide et la matière, le 16/05/2008

, Robert Paris

– *matierevolution.fr/spip.php ?article, Big bang ou pas Big-Bang, le 15/05/2009 par*

FaberSperber, Robert Paris

– *motherboard.vice.com/a-la-rencontre-des-partisans-de -latheorie-de-l-Univers-*

electrique par Sarah Scolesfévr. 22 2016

–sciencesetavenir.fr/espace/asttrustmyscience.com /expansion-Univers-acceleration-

trop-rapide-pouretre-expliquee-par-la-physique-actuelle, par Thomas Boisson,

le 26/02/2018

– *sciencetonante.wordpress.com/2013/09/30/les-7-merveilles*

de-la- mécanique-quantique

– tdg.ch/preuve-inflation-cosmique-big-bang-faite

– trustmyscience.com/nouvelle-etude-matiere-noireplus-ancienne-que-big-bang/ par

Stéphanie Schmidt, 9 août 2019

– trustmyscience.com/hadron/ par Thomas Boisson, le 3 août 2018

– *vinsvignesvignerons.com/Geologie/Une-breve-histoire-dela-planete-terre*

– https://www.science-et-vie.com/article-magazine/ou-fait-plus-chaud-dans-lunivers ?.

– Blogs zevenzeur ; Introduction à la physique fondamentale, publié le 18/02/2013

– *Théorie des cordes : Wikipédia*

– Wikiedia ; Modèle Standard

– Wikipédia : BIG-BANG

– Wikipédia : Empédocle

– Wikipédia : GN-z11

– Wikipédia : Histoire de l'Univers

– Wikipédia : Les particules subatomiques

– Wikipédia : supersymétrie

– Wikipédia ; BRANE

– Wikipédia ; *Particules élémentaires*

– Wikipedia ;
Metaphysical- zevengeur.wordpress.com/2014/01/16/
histoire-de-lUniverspartie-4-le-modele-standard-de
-la-physique

– zevengeur.wordpress.com/
la-chromo-dynamique-quantique

– *Zevengeur, www.blogs, zevengeur, Modèle Janus, le futur de la cosmologie,*
le12/01/ 2018

VII. ENCYCLOPEDIES

– De l' Astronomie de l'Espace : Les forces fondamentales, Hachette, 2019.

– De l' Astronomie de l'Espace : Les trous noirs, Hachette, 2018

– De l' Astronomie de l'Espace : Matière noire et énergie sombre, Hachette, 2019.

– Edey, Maitland A., Les origins de l'Homme ; Le Chaînon manquant, éd. France

Loisirs, Paris, 1984

– Grint, Damian, *Les mystères de l'univers*, éd. Christophe Colomb, Paris, 1985

– Joe Bergeron, Encarta ® 2009 Modeling a black hole

– Gamlin, Linda, *Les origines de la vie*, éd. Artis-Historia, Bruxelles. 1989

– Melvin & G. Berger : *Qu'est-ce qui fait onduler l'océan* ? ed. Nouveaux Horizons –

ARS, Paris 2012

– Moïse. " Microsoft® Encarta® 2009 [DVD]. Microsoft Corporation, 2008

– P. Batchelor : *L'énergie, le son et la lumière*, éd. Nouveaux Horizons, ARS, Paris,

2016

– Zoppi, Moninga, Les Merveilles de l'univers, Médiaspaul, Kinshasa, 2009.

– "conservation, lois de." Microsoft® Encarta® 2009 [DVD]. Corporation, 2008

– Électron : Encarta

– "gravitation." Microsoft® Encarta® 2009 [DVD]. Microsoft Corporation, 2008

– "Olbers, paradoxe d'." Microsoft® Encarta® 2009 [DVD]. Microsoft Corporation,

2008
– "Pangée." Microsoft® Encarta® 2009 [DVD]. Microsoft Corporation, 2008
– Gravitationnelles, ondes." Microsoft® Encarta® 2009 [DVD]. Microsoft
Corporation, 2008
– THÉORIE DU BIG-BANG : encarta

VIII. DOUMENTAIRES SCIENTIFIQUES

– « Le mystère de l'Univers : La lumière et les ténèbres ».

– « Les secrets du Cosmos : la théorie du champ de Higgs

– « Nouvelle Théorie du Champ Unifié (Explication de la Gravitation)

– « *Nouvelle théorie du champ unifié : explication de l'Univers Dynamique* »

– « Physique quantique pour les nuls

– « Quelle est l'origine de l'eau sur la terre »

– « Toutes les planètes du système solaire »

– Conférence : Qu'y avait-il avant le Big-bang

– A.E. Wilder Smith : « les origines de l'Univers »

– Alice Harper et Nigel Henbest : « les origines de la terre »

– Colin Campbell : « Les mystères de l'Univers – au-delà du froid »

– D. Louapre, « les 7 merveilles de la mécanique quantique »

– David Louapre, « la mécanique quantique en 7 idées »

– Garry Parker : « Big-bang »

– Hubert Reeves Conférence-Documentaire « que pensez-vous de la déclaration de

Stephen Hawking ? »

– Hubert Reeves ; « D'où provient l'énergie du Big-bang »

– Iolande Cadrin-Rossignol : « Du Big-bang au Vivant »

– J.P. Luminet, conférence-documentaire « la forme de l'espace »

– Jean Pierre Martin, conférence-documentaire « Et la lumière fut : ou l'histoire du

Big-bang »

– Laura Verkland Armstrong ; « L'Univers – Les Mystères du Big-bang »

Dépôt légal janvier 2024

Librinova

www.librinova.com

www.ingramcontent.com/pod-product-compliance
Lightning Source LLC
LaVergne TN
LVHW050807061126
851857LV00012B/708